DENTEX, SYNAGRIS, GYMNOCRANIUS, GNATHODENTEX et PENTAPUS

BLEEKER

AMSTERDAM

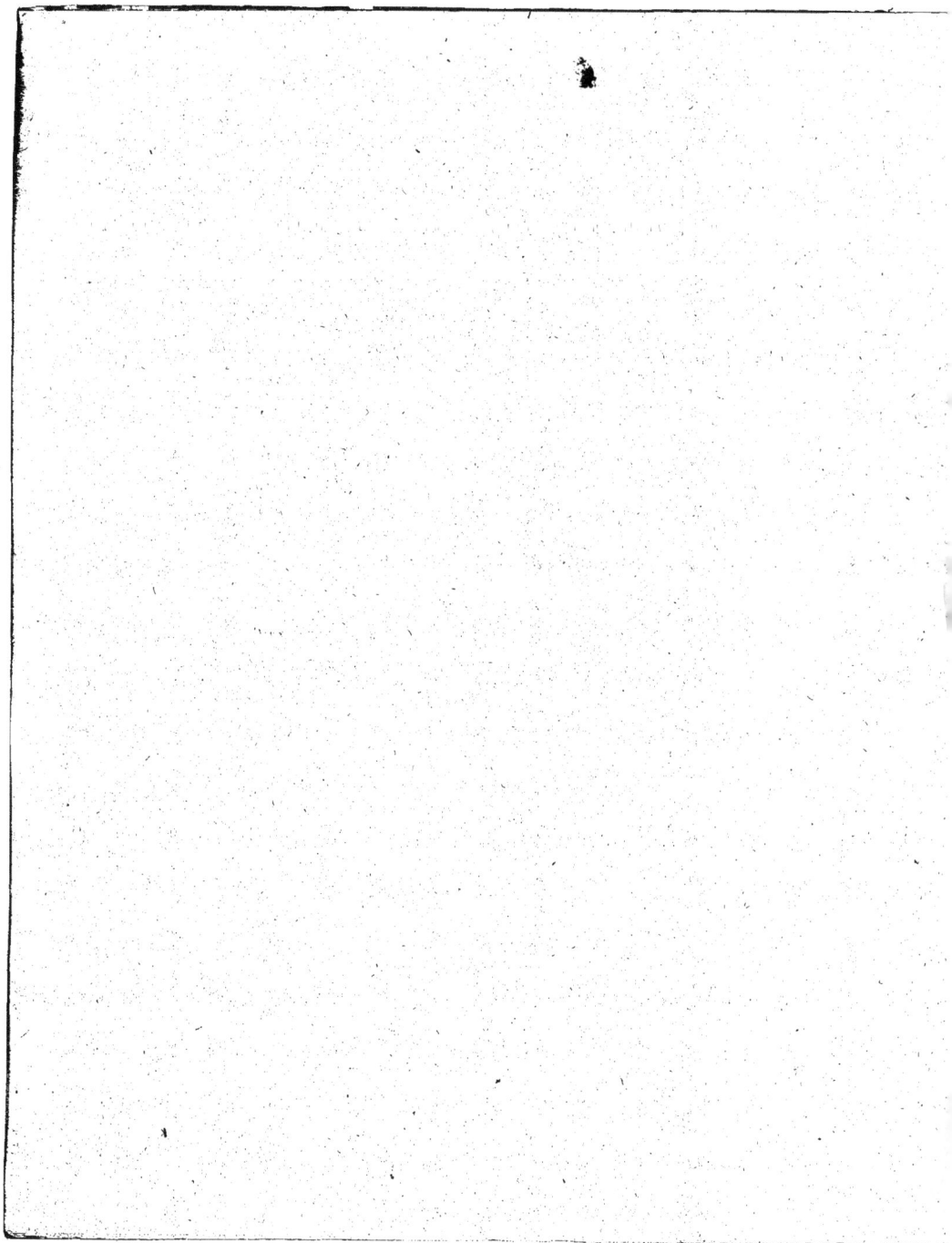

RÉVISION

DES ESPÈCES DE

DENTEX, SYNAGRIS, GYMNOCRANIUS GNATHODENTEX et PENTAPUS,

PAR

P. BLEEKER.

....

Publiée par l'Académie Royale Néerlandaise des Sciences.

AMSTERDAM,
CHEZ C. G. VAN DER POST.
1873.

RÉVISION

DES ESPÈCES DE

DENTEX, SYNAGRIS, GYMNOCRANIUS, GNATHODENTEX ET PENTAPUS

de l'Inde Archipélagique et du Japon.

PAR

P. BLEEKER.

Les genres Cuviériens Dentex et Pentapus ont leur place naturelle dans le système tout près des Lutjanus, dont ils se distinguent principalement par l'absence de dents vomériennes et palatines et par la présence de six rayons seulement aux branchies. Ces deux genres cependant tels qu'ils ont été conçus dans la grande Histoire naturelle des Poissons, sont des genres composés. M. Günther a déjà separé des Dentex Cuviériens les espèces à dix épines dorsales et à écailles préoperculaires trisériales (genre Synagris Günth.) J'en sépare encore les espèces à front et vertex dénués d'écailles, à faibles canines et à base de l'anale squammeuse. Ce type avait déjà été distingué par M. Klunzinger, qui en fit le sousgenre Gymnocranius, nom antérieur à celui de Paradentex, sous lequel une des espèces a été figurée dans l'Atlas Ichthyologique des Indes Orientales Néerlandaises (tab. 308 fig. 2). Je trouve un autre type génèrique, parmi les Pentapodes Cuviériens, dans le Pentapus aurolineatus, espèce qui se distingue des Pentapus ordinaires non seulement par la crête dentaire de l'os susmaxillaire mais aussi par le front et le vertex lisses et sans écailles. On pourrait nommer ce type Gnathodentex. D'un autre côté je supprime le genre Heterognathodon dont les espèces sont de vrais Pentapus à préopercule dentelé.

Les espèces indo-archipélagiques de ces genres sont assez nombreuses. J'en

14

possède moi-même 32, dont 21 de Dentex, 4 de Gymnocranius, 1 de Gnathodentex et 6 de Pentapus, et on en connaît en outre 3 ou 4 de Dentex et
1 de Pentapus. Les Dentex sont tous des Synagris de M. Günther, mais
je conserve le nom de Synagris à l'espèce type de Synagris de Klein, c'est-à-
dire au Dentex vulgaris de Cuvier-Valenciennes et aux espèces voisines.

DENTEX Cuv. = Synagris Günth. = Heterognathodon Steind. (nec Blkr)

Corpus oblongum vel subelongatum compressum, squamis ctenoideis mediocribus vestitum. Caput vertice ossibusque opercularibus tantum squamosum,
squamis praeoperculo triseriatis, interopercularibus uniseriatis, limbo praeoperculari nullis. Maxillae subaequales, superior vix protractilis. Dentes maxillis
pluriseriati serie externa seriebus ceteris majores, intermaxillares antici ex parte
canini. Dentes vomerini, palatini vel linguales nulli. Os suborbitale inerme.
Operculum spina parva. Mentum poris magnis vel fossula mediana nullis.
Pinnae pectorales et ventrales acutae, caudalis biloba, dorsalis et analis ale-
pidotae, dorsalis spinis 10 gracilibus et radiis 9 vel 10, analis spinis 3 et
radiis 7 vel 8. Pseudobranchiae. B. 6.

Rem. Les Dentex sont aisément à distinguer des Synagris Kl. par l'écaillure de la tête, les écailles ne s'étendant ni sur le front ni sur le limbe
préoperculaire; par les écailles trisériales du préopercule; par la formule con-
stante d'environ 50 rangées transversales d'écailles entre le commencement
de la ligne latérale et la base de la caudale; par le nombre beaucoup moindre d'écailles sur les rangées transversales dont jamais plus de trois se
trouvent entre la ligne latérale et les épines médianes de la dorsale; et puis
encore par les faibles canines, par le nombre constant de dix épines dorsales
faibles et par l'absence de gaîne squammeuse à la base tant de la dorsale
que de l'anale.

La plupart des espèces insulindiennes de Dentex se ressemblent tant par la
physionomie, par l'écaillure, par la forme et les formules des nageoires et
par les couleurs, qu'il est difficile de les reconnaître au premier aspect. J'ai
réussi cependant à trouver de bons caractères spécifiques dans la dentition,
dans la forme du sousorbitaire, dans la nature des épines et de la membrane

dorsales, dans les proportions de la hauteur du corps et de la tête, dans la largeur relative du limbe préoperculaire et dans la nature du bord libre du préopercule. Les détails de la coloration peuvent aider aussi dans la détermination si l'on a affaire à des individus plus ou moins frais, mais ils se perdent ordinairement par une conservation prolongée dans la liqueur. — C'est en appliquant ces divers caractères que j'ai pu dresser l'exposé diagnostique suivant des 21 espèces de mon cabinet.

1. Mâchoire inférieure à dents canines ou caninoïdes. Dorsale sans épines prolongées, à membrane peu échancrée. Sousorbitaire élevé, sa hauteur moins de 2 fois dans le diamètre vertical de l'oeil.
  A. Hauteur du corps 3 à $3\frac{3}{5}$ fois dans sa longueur sans la caudale; celle de la tête notablement plus longue que la longueur de la tête sans l'opercule. Epines dorsales flexibles.
    a. Sousorbitaire rectangulaire. Dents intermaxillaires de la rangée externe au nombre de 12 à 20. Préopercule lisse à limbe nu moins du double plus grêle que la partie squammeuse. Les sept épines dorsales postérieures d'égale longueur. Corps et nageoires dorsale et anale à bandelettes longitudinales jaunâtres.

1. Dentex taeniopterus CV.

    b. Sousorbitaire à angle fort obtus et à bord postérieur fort oblique. Corps sans bandelettes visibles.
      aa. Dents intermaxillaires de la rangée externe au nombre de moins de 20 (15-18). Préopercule à bord lisse et à limbe nu aussi-large que la partie squammeuse. Epines dorsales médianes plus longues que les autres Nageoires sans bandelettes visibles.

2. Dentex hypselognathus Blkr.

      bb. Dents intermaxillaires de la rangée externe au nombre de 30. Préopercule à bord postérieur rude et à limbe nu du double moins large que la partie squammeuse. Les sept épines dorsales postérieures d'égale longueur. Base de la dorsale à bandelette jaune.

14*

3. *Dentex isognathus* Blkr.

B. Hauteur du corps 4 fois ou plus de 4 fois dans sa longueur sans la caudale.
  a. Hauteur de la tête égalant sa longueur sans l'opercule. Dents inframaxillaires latérales externes au nombre de 15 à 20.
    aa. Sousorbitaire égalant en hauteur le diamètre vertical de l'oeil. Dents intermaxillaires de la rangée externe au nombre de 15 à 20. Préopercule à bord lisse et à limbe nu de la largeur environ de la partie squammeuse. Epines dorsales flexibles, celles du milieu plus longues que les autres.
      † Profil pointu, peu convexe. Corps à bandes transversales violâtres.

4. *Dentex Ovenii* Blkr.

      †' Profil obtus, fort convexe. Corps à bandelettes longitudinales jaunâtres.

5. *Dentex sundanensis* Blkr.

    bb. Hauteur du sousorbitaire environ deux fois dans le diamètre vertical de l'oeil. Dents intermaxillaires de la rangée externe au nombre de 18 à 20. Préopercule à bord postérieur rude et à limbe nu du double moins large que la partie squammeuse. Epines dorsales non flexibles, les 5 ou 6 postérieures d'égale longueur. Corps et nageoires sans bandelettes.

6. *Dentex metopias* Blkr.

  b. Hauteur de la tête dépassant sa longueur sans l'opercule; celle du sousorbitaire beaucoup moindre que le diamètre vertical de l'oeil. Dents intermaxillaires de la rangée externe au nombre de 20 à 25. Préopercule à bord postérieur rude et à limbe nu moins du double plus grêle que la partie squammeuse. Epines dorsales non flexibles, les 5 ou 6 postérieures d'égale longueur.
    aa. Dents inframaxillaires de la rangée externe au nombre de 20. Lobe supérieur de la caudale prolongé en filet. Corps sans bandelettes. Une rangée d'ocelles jaunes à la base de l'anale.

7. *Dentex nemurus* Blkr.

    bb. Dents inframaxillaires de la rangée externe au nombre de 7 à 13. Caudale non prolongée. Corps à une seule et nageoires dorsale et anale à deux bandelettes jaunes.

8. *Dentex celebicus* Blkr.

2. Point de dents canines ou caninoïdes à la mâchoire inférieure.
  A. Hauteur de la tête dépassant sa longueur sans l'opercule.
    a. Epines dorsales flexibles à membrane profondément échancrée, les médianes plus longues que les autres. Mâchoires à dents latérales de la rangée externe au nombre de 12 à 18.
      aa. Hauteur du corps 3 à 3⅓ fois dans sa longueur sans la caudale. Préopercule lisse à limbe nu du double moins large que la partie squammeuse. Corps à bandelettes jaunes.

9. *Dentex tolu* CV.? Blkr.

      bb. Hauteur du corps 4 fois dans sa longueur sans la caudale. Préopercule à bord postérieur rude et à limbe nu moins du double plus grêle que la partie squammeuse. Corps sans bandelettes visibles.

10. *Dentex mulloides* Blkr.

  b. Dorsale à membrane non ou peu échancrée et à épines postérieures aussi longues ou un peu plus longues que les épines médianes. Dents intermaxillaires de la rangée externe au nombre de 25 à 40. Corps à bandelettes jaunes.
    aa. Hauteur du corps 2¼ à 3⅓ fois dans sa longueur sans la caudale. Anale à bandelette jaune.
      † Les deux épines dorsales antérieures prolongées en soie. Préopercule rude et à limbe nu du double moins large que la partie squammeuse. Hauteur du sousorbitaire 2 fois dans le diamètre vertical de l'oeil.

11. *Dentex nematophorus* Blkr.

      †' Les deux épines dorsales antérieures plus courtes que les suivantes. Préopercule à limbe nu du double moins large que la partie squammeuse. Sousorbitaire à l'âge avancé un peu moins haut que le diamètre de l'oeil. Lobe supérieur de la caudale prolongé en filet.
      ♂ Préopercule à bord postérieur rude. Epines dorsales flexibles. Hauteur du corps plus de 3 fois dans sa longueur sans la caudale. Profil peu obtus. Une large strie jaune soufre longitudinale au-dessous de la ligne latérale. Dorsale à une seule, anale à deux bandelettes jaunes parallèles au bord libre.

12. *Dentex sinensis* Blkr.

ƌ′ Préopercule lisse. Epines dorsales non flexibles. Hauteur du corps moins de 3 fois dans sa longueur sans la caudale. Profil fort obtus. Dorsale sans bandelette; anale à une seule bandelette longitudinale oblique jaune.

13. *Dentex Blochi* Blkr.

bb. Hauteur du corps $3\frac{2}{3}$ à 4 fois dans sa longueur sans la caudale. Epines dorsales non flexibles. Préopercule à bord postérieur rude.

† Limbe nu du préopercule du double moins large que la partie squammeuse.
  ƌ Hauteur du sousorbitaire 2 fois dans le diamètre vertical de l'oeil. Premier rayon de la ventrale prolongé en filet. Corps à 2·, dorsale à 3 bandelettes longitudinales jaunes. Anale sans bandelette.

14. *Dentex nematopus* Blkr.

ƌ′ Hauteur du sousorbitaire pas beaucoup moindre que le diamètre vertical de l'oeil. Corps à 2 ou 3, anale à 2 bandelettes jaunes; dorsale à 2 bandelettes violâtres.

15. *Dentex mesoprion* Blkr.

† Limbe nu du préopercule un peu seulement moins large que la partie squammeuse. Hauteur du sousorbitaire 2 fois dans le diamètre vertical de l'oeil. Corps à plusieurs-, anale à une seule bandelette jaune. Dorsale à 2 bandelettes violâtres.

16. *Dentex tambuloides* Blkr.

B. Hauteur de la tête égalant sa longueur sans l'opercule; celle du corps $3\frac{1}{2}$ à 4 fois dans sa longueur sans la caudale. Membrane entre les épines dorsales non échancrée.
  a. Dents intermaxillaires latérales externes au nombre de 15 ou 16. Préopercule lisse.
    aa. Epines dorsales flexibles, les médianes plus longues que les suivantes. Préopercule à limbe nu un peu moins large que la partie squammeuse. Hauteur du sousorbitaire égalant presque le diamètre vertical de l'oeil. Corps et nageoires sans bandelettes visibles.

17. *Dentex upeneoides* Blkr.

bb. Epines dorsales non flexibles, les 6 postérieures d'égale longueur, Préopercule
à limbe nu du double moins large que la partie squammeuse. Hauteur du
sousorbitaire 2 fois dans le diamètre vertical de l'oeil. Corps à plusieurs
bandelettes jaunes.

18. *Dentex gracilis* Blkr.

b. Dents intermaxillaires latérales externes au nombre de 25 à plus de 30. Epines
dorsales non flexibles, les 6 à 8 postérieures d'égale longueur. Préopercule à bord
postérieur légèrement denticulé.
aa. Préopercule à limbe nu du double moins large que la partie squammeuse. Diamètre de l'oeil 3 fois dans la longueur de la tête.
† Hauteur du sousorbitaire plus de 2 fois dans le diamètre vertical de l'oeil.
Tête $3\frac{1}{4}$ fois dans la longueur du corps sans la caudale. Corps à 3 jusqu'à 5-,
dorsale à 2 bandelettes jaunes. Anale sans bandelette.

19. *Dentex sumbawensis* Blkr.

†' Hauteur du sousorbitaire 2 fois dans le diamètre vertical de l'oeil. Tête
$3\frac{3}{4}$ fois dans la longueur du corps sans la caudale. Corps sans bandelettes
visibles. Dorsale à bandelette sousmarginale violette; anale à bandelette
jaune ou nacrée.

20. *Dentex zysron* Blkr.

bb. Préopercule à limbe nu du triple moins large que la partie squammeuse. Diamètre de l'oeil $2\frac{1}{4}$ fois dans la longueur de la tête. Hauteur du sousorbitaire
4 fois dans le diamètre vertical de l'oeil. Corps à bande axillo-caudale jaune.

21. *Dentex balinensis* Blkr.

———

Dentex taeniopterus CV., Poiss. VI p. 183, Blkr.; Verb. Bat. Gen. XXIII
Spar. p. 11.

Dent. corpore oblongo compresso, altitudine 3 fere ad $3\frac{1}{2}$ in ejus longitudine absque-, $5\frac{2}{3}$ ad $4\frac{1}{4}$ in ejus longitudine cum pinna caudali; latitudine corporis 2 circ. in ejus altitudine; capite obtuso convexo, 3 ad $3\frac{1}{3}$ in longitudine

corporis absque=, 4 ad 4$\frac{1}{2}$ in longitudine corporis cum pinna caudali; altitudine capitis longitudine ejus absque operculo sat multo majore; oculis diametro
3 ad 4 in longitudine capitis, diametro $\frac{1}{2}$ ad $\frac{2}{3}$ distantibus; linea rostro-frontali convexa vel convexiuscula; rostro convexiusculo juvenilibus oculo multo
breviore aetate provectis oculo longiore; osse suborbitali granulato-striato,
inferne non ad paulo emarginato, postice subrectangulo angulo rotundato, ad
angulum oris oculi diametro verticali minus duplo ad non humiliore; maxillis
aequalibus, superiore sub oculi parte anteriore desinente, 2$\frac{1}{4}$ ad 2$\frac{2}{3}$ in longitudine capitis; dentibus intermaxillaribus pluriseriatis serie externa utroque latere
12 ad 20 parvis subaequalibus dentibus seriebus internis conspicue majoribus;
dentibus inframaxillaribus anterioribus pluriseriatis, lateralibus uniseriatis inaequalibus utroque latere 12 ad 20; dentibus caninis maxilla superiore antice
utroque latere insuper 2 ad 4 curvatis externo vulgo ceteris majore; dentibus
caninis vel caninoideis maxilla inferiore antice utroque latere 2 ad 4 rectiusculis externo ceteris vulgo conspicue longiore; praeoperculo edentulo, limbo
alepidoto parte squamata minus duplo graciliore; operculo spinula vix conspicua; squamis corpore 50 circ. in linea laterali, 15 in serie transversali
quarum 3 lineam lateralem inter et dorsalem spinosam mediam; linea laterali
singulis squamis tubulo vulgo dichotomo notata; pinna dorsali spinis gracilibus
flexilibus pungentibus non productis, posterioribus 7 subaequalibus 2$\frac{1}{4}$ ad 3
in altitudine corporis, membrana inter singulas spinas non vel vix emarginata;
pinna dorsali radiosa dorsali spinosa paulo altiore aetate provectioribus postice
acutangula; pectoralibus ventralibus radio 1° paulo productis paulo longioribus
et caudali lobis acutis superiore inferiore paulo longiore capite non ad paulo
tantum brevioribus; anali spinis gracilibus pungentibus 3ª ceteris longiore
radio 1° breviore, parte radiosa postice acutangula; colore corpore superne
roseo, inferne roseo-argenteo; iride flavescente; regione suprascapulari macula
duplice aureo-rubra et flava; lateralibus vittis pluribus longitudinalibus flavescentibus; pinnis dorsali, pectoralibus caudalique roseis; dorsali superne flavo
marginata, vitta lata longitudinali oblique postrorsum adscendente margaritacea
violascente limbata et vittula flava percursa; caudali superne postice flava; ventralibus analique margaritaceis; ventralibus antice roseis; anali vitta longitudinali flava oblique postrorsum descendente.

B. 6. D. 10/9 vel 10/10. P. 2/14. V. 1/5. A. 3/7 vel 3/8. C. 1/15/1 et lat. brev.
Syn. *Synagris taeniopterus* Günth., Cat. Fish. I p. 374.

    Gurisi mejrah, Passir-passir Mal.; *Gresik* Jav. Madur; *Djamben* Sundan.

Hab. Sumatra (Telokbetong, Tandjong, Siboga); Singapura; Java (Batavia, Tjiringin, Anjer, Pasuruan, Bezuki); Celebes (Macassar, Bonthain, Badjoa); Batjan (Labuha); Amboina; Timor; in mari.
Longitudo 15 speciminum 115''' ad 245'''.

Rem. Le taeniopterus est une des espèces les plus communes du genre et aussi une des plus belles. A l'état frais elle est aisément reconnaissable aux vives couleurs et aux bandelettes de la dorsale et de l'anale. Elle appartient au groupe à canines aux deux mâchoires et s'y distingue par la forme trapue du corps, par la forme rectangulaire du sousorbitaire qui est assez élevé, et par le limbe nu du préopercule dont la largeur mesure moins de deux fois dans la largeur de la partie squammeuse.
L'espèce a été trouvée aussi dans les mers de la côte nord-est de la Nouvelle-Hollande.

Dentex ruber CV., Poiss. VI p. 184. Less.; Zool. Voy. Coquille II. 1 p. 187 tab. 31 fig. 2 (nec Blkr).

Descriptio Cuviero-Valenciennesiana sequens.

»Six dents canines grêles et petites. Se distingue du précédent (Dentex bipunctatus Ehr.) par son sousorbitaire étroit et allongé. Les écailles sont lisses. La caudale est peu fourchue. — Un individu, pris à Waigiou, rapporté par Lesson et Garnot, et long de six pouces environ, paraît avoir été rouge, sans aucune tache ni bandelette sur les nageoires". Hab. Waigiou.

Rem. La description de Lesson n'ajoute rien d'essentiel à celle de Cuvier-Valenciennes pour bien distinguer l'espèce. La figure, si elle est exacte, représente une forme voisine du Dentex taeniopterus, mais à sousorbitaire moins élevé et à épines dorsales médianes plus longues que les suivantes.

Dentex hypselognathus Blkr, Atl. ichth VII Tab. 325. Perc. tab. 47 fig. 1.

Dent, corpore oblongo compresso, altitudine 3⅓ ad 3⅔ in ejus longitudine absque-. 4⅓ ad 4½ in ejus longitudine cum pinna caudali; latitudine corporis 1³ ad 2 in ejus altitudine; capite obtuso convexo 3⅓ ad 3⅔ in longitudine corporis absque-, 4⅓ ad 4½ in longitudine corporis cum pinna caudali; alti-, tudine capitis longitudine capitis absque operculo multo majore; linea rostro-frontali convexa; oculis diametro 3 fere ad 3 et paulo in longitudine capitis

15

diametro $\frac{3}{4}$ ad 1 fere distantibus; rostro convexo aetate minus provectis oculo breviore, aetate magis provectis oculo non breviore ; osse suborbitali granulato-striato, inferne non emarginato, postice obtusangulo, margine posteriore convexo valde obliquo, ad angulum oris oculi diametro verticali junioribus vix, aetate provectis non humiliore; maxillis aequalibus, superiore sub oculi margine anteriore vel vix ante oculum desinente, 3 circ. in longitudine capitis ; dentibus intermaxillaribus pluriseriatis serie externa utroque latere 15 ad 18 parvis subaequalibus dentibus seriebus internis majoribus; dentibus inframaxillaribus anterioribus pluriseriatis lateralibus uniseriatis inaequalibus utroque latere 10 ad 14; dentibus caninis maxilla superiore antice utroque latere 2 vel 3 externo ceteris majore; maxilla inferiore antice utroque latere insuper caninoideis 3 vel 4 externo ceteris vulgo majore; praeoperculo edentulo, limbo alepidoto parte squamata non vel vix graciliore ; operculo spinula minima vix conspicua ; squamis corpore 50 circ. in linea laterali, 15 in serie transversali, quarum 3 lineam lateralem inter et pinnam dorsalem ; linea laterali curvata singulis squamis tubulo dichotomo notata ; pinna dorsali spinis gracilibus flexilibus non productis mediis ceteris longioribus corpore duplo circiter humilioribus, membrana inter singulas spinas vix emarginata, parte radiosa parte spinosa paulo humiliore convexa postice angulata ; pinnis pectoralibus falcatis ventralibus acutis non productis paulo longioribus capite non multo brevioribus ; anali spinis gracilibus 3ª ceteris longiore radio 1º paulo breviore, parte radiosa margine inferiore convexiuscula postice acutangula ; caudali profunde incisa lobis acutis superiore inferiore paulo longiore non producto capite paulo ad non longiore; colore corpore superne pinnisque roseo, corpore inferne argenteo; iride flava; vittis corpore 4 vel 5 longitudinalibus flavis.

B. 6. D. 10/9 vel 10/10. P. 2/14. V. 1/5. A. 3/7 vel 3/8. C. 1/15/1 et lat. brev.

Hab. Java (Batavia); Celebes (Macassar, Badjoa); in mari.

Longitudo 4 speciminum 162′′′ ad 270′′′.

Rem. Le Dentex actuel doit être fort voisin du Dentex furcosus CV. Si je ne l'y rapporte pas c'est qu'il est dit expressément du furcosus que les lobes de la caudale sont fort prolongés.

Les quatre espèces suivantes me paraissent voisines du hypselognathus, mais elles sont trop superficiellement décrites pour qu'on puisse suffisamment juger de leurs véritables affinités.

Dentex hexodon QG., Zool. Voy. Uranie p. 301; CV., Poiss. VI p. 180.

Descriptio Cuviero-Valenciennesiana sequens.

„Reconnaissable aux six dents longues et crochues, placées à l'extrémité des mâchoires; les autres dents sont en cardes fines et serrées. Ce poisson a le corps alongé, le sous-orbitaire assez élevé, les écailles de la joue plus grandes que celles du corps; on en compte 45 depuis l'ouie jusqu'à la caudale. Leur bord est finement cilié. Les rayons épineux de la dorsale sont faibles et plus bas que ceux de la portion molle. Couleur rosée sur le dos et argentée sur le ventre. D. 10/9. P. 17. V. 1/5. A. 3/7. C. 17. Hab. Timor. Longueur sept pouces et demi."
Syn. *Synagris hexodon* Günth., Cat. Fish. I p. 376.

Dentex Peronii CV., Poiss. VI p. 182, tab. 154.

Descriptio Cuviero-Valenciennesiana sequens.

„Il a — (comme le furcosus) — six petites canines. Il s'en distingue par son corps plus élevé, plus court, plus comprimé. Le sousorbitaire est aussi haut, mais plus court. Les écailles sont petites; on en compte plus de soixante dans la longueur. Les rayons épineux de la dorsale sont faibles. La caudale est presque aussi fourchue. Il est probable que sa couleur était rouge. D. 10/9. P. 17. V. 1/5. A. 3/8. C. 17. Longueur six pouces environ."
Syn. *Synagris Peronii* Günth., Cat. Fish. I p. 376.

Rem. M. Günther donne comme habitat de cette espèce la Mer des Moluques, mais les auteurs de la grande Histoire naturelle des Poissons, tout en indiquant qu'on doit l'individu type à Péron, disent ignorer où il l'a pris. C'est une espèce qui mérite d'être mieux étudiée. A en juger d'après la figure le nombre des écailles sur une rangée longitudinale ne serait pas „plus de soixante" mais environ cinquante, comme dans toutes les espèces indo-archipélagiques.

Dentex marginatus CV., Poiss. VI p. 182.

Descriptio Cuviero-Valenciennesiana sequens.

„Fort voisin du Dentex Peronii mais à corps plus alongé, moins haut de la nuque. Les rayons épineux de la dorsale sont plus faibles. Il a huit canines plus petites. Il paraît rouge sur le dos, argenté sous le ventre. Les nageoires sont rouges, sans aucunes bandes ni taches. Le dedans des fourches de la caudale a une large bordure noire. — Hab.

Vanicolo, Java. — Longueur 7 pouces. Un très-petit individu de Java paraît seulement·
avoir le museau plus obtus[4].

Rem. Aucune de mes espèces n'a le bord postérieur de la caudale noirâtre,
et le nombre des canines ne donne qu'un caractère assez incertain, puisqu'il
varie souvent d'après l'âge des individus. Peut-être que l'espèce ne se
distingue point du Peronii. Jusqu'à ce qu'on la connaîtra mieux elle devra
être placée parmi les espèces douteuses.

Dentex furcosus CV.; Poiss. VI p. 181?

Descriptio Güntheriana sequens.

»The height of the body equals the length of the head, and is one fourth of the total;
the diameter of the eye is $0\frac{2}{3}$ in the latter, and $1\frac{1}{2}$—$1\frac{1}{4}$ in the length of the snout. The
praeorbital is higher than the eye; there are three rows of scales between the praeorbital
and the margin of the praeoperculum. Six canine teeth in each of the jaws. The spines
of the fins slender, flexible; the fourth, fifth, and sixth of the dorsal fin longest, $2\frac{2}{3}$—$2\frac{1}{4}$
in the lenght of the head. Caudalis deeply forked, scaly, the upper lobe rather longer; the
second and third anal spines very feeble, nearly equal; the posterior rays of the dorsal·
and anal fins sligthly elongate. Coloration uniform. D. 10/9. A. 3/7. L. lat. 48—50.
L. transv. 4/14".

Syn. *Synagris furcosus* Günth., Cat. Fish. I. p. 373.

Hab. Amboina, in mari.

Rem. M. Günther rapporte cette espèce au Dentex furcosus dont cependant
la justesse me semble avoir besoin d'être prouvée. Cuvier et Valenciennes·
donnent au furcosus un corps allongé et des lobes de la caudale fort prolongés. Les couleurs, prises sur des individus longs de six pouces et provenant
de Ceylan, sont décrites comme suit. »Le dos est rouge, à reflets dorés et·
le ventre rosé, à reflets argentés. La caudale est rouge vif; son lobe infé-
rieur est liséré d'orangé. La dorsale est rose, l'anale orangée. Les pectorales
et les ventrales n'ont qu'une légère teinte rose". Si l'espèce de M. Günther
est en effet identique avec le furcosus CV. celle-ci se distinguerait encore du
hypselognathus par des yeux notablement plus petits, ceux de l'hypselognathus
ne mesurant que trois fois ou même un peu moins de trois fois dans la
longueur de la tête.

Dentex isacanthus Blkr.

Dent. corpore oblongo compresso, altitudine $3\frac{1}{4}$ ad $3\frac{3}{5}$ circ. in ejus longitudine absque-, $4\frac{2}{5}$ ad $4\frac{1}{2}$ circ. in ejus longitudine cum pinna caudali; latitudine corporis 2 circ. in ejus altitudine; capite obtuso convexo $3\frac{1}{4}$ ad $3\frac{3}{5}$ circ. in longitudine corporis absque-, $4\frac{1}{4}$ ad $4\frac{1}{2}$ in longitudine corporis cum pinna caudali; altitudine capitis longitudine ejus absque operculo multo majore; oculis diametro 3 circ. in longitudine capitis, diametro $\frac{1}{4}$ ad $\frac{2}{3}$ distantibus; linea rostro-frontali convexiuscula; rostro convexo oculi diametro sat multo ad paulo breviore; osse suborbitali striato, inferne leviter emarginato, postice obtusangulo rotundato, ad angulum oris oculi diametro verticali duplo fere ad sat multo minus duplo humiliore; maxillis aequalibus, superiore sub oculi parte anteriore desinente $2\frac{2}{5}$ ad $2\frac{1}{2}$ in longitudine capitis; dentibus intermaxillaribus pluriseriatis serie externa utroque latere 50 circ. parvis dentibus seriebus internis conspicue majoribus, dentibus inframaxillaribus anterioribus pluriseriatis, lateralibus uniseriatis inaequalibus utroque latere 20 ad plus quam 20; dentibus caninis maxilla superiore antice utroque latere insuper 3 vel 4 curvatis externo ceteris longiore; maxilla inferiore antice utroque latere caninoideis 4 vel 5 parvis inaequalibus; praeoperculo margine posteriore laevi vel scabriusculo, limbo alepidoto parte squamata duplo ad plus duplo graciliore; operculo spinula vix conspicua; squamis corpore 50 circ. in linea laterali, 15 in serie transversali quarum 3 lineam lateralem inter et dorsalem spinosam mediam; linea laterali singulis squamis tubulo vulgo dichotomo notata; pinna dorsali spinis gracilibus flexilibus pungentibus non productis, posterioribus 7 subaequalibus $2\frac{1}{3}$ circ. in altitudine corporis, membrana inter singulas spinas non vel vix emarginata; pinna dorsali radiosa dorsali spinosa aetate provectis praesertim altiore, postice angulata; pectoralibus ventralibus radio 1° paulo producto longioribus capite non ad paulo brevioribus; caudali lobis acutis superiore inferiore longiore capite non ad vix breviore; anali spinis gracilibus pungentibus 3ᵃ ceteris longiore radio 1° breviore, parte radiosa postice emarginata acutangula; colore corpore superne roseo, inferne roseo-argenteo; iride flava vel flavescente-rosea; pinnis dorsali, pectoralibus caudalique roseis, ventralibus analique margaritaceis; dorsali basi vitta longitudinali flava et superne flavo marginata.

B. 6. D. 10/9 vel 10/10. P. 2/14. V. 1/5. A. 3/7 vel 3/8. C. 1/15/1 et lat. brev.
Syn. *Gurisi mejrah* Mal.

Hab. Java (Batavia); Sumatra (Padang); in mari
Longitudo 3 speciminum 146''' ad 235'''.

Rem. Le Dentex isacanthus est fort voisin du Dentex hypselognathus mais
il s'en distingue essentiellement par le nombre beaucoup plus considérable
des dents inframaxillaires de la rangée externe, par l'égale longueur des
sept épines dorsales postérieures, et par le peu de largeur du limbe nu du
préopercule largeur qui mesure deux fois dans celle de la partie squammeuse.

Dentex Ovenii Blkr., Vijfde bijdrage ichth. Celebes, Natuurk. Tijdschr.
Ned. Ind. VII p. 246.

Dent. corpore subelongato compresso, altitudine 4 circ. in ejus longitudine
absque-, 5 fere ad 5 in ejus longitudine cum pinna caudali; latitudine corporis
$1\frac{3}{4}$ circ. in ejus altitudine; capite acutiusculo convexo $3\frac{1}{4}$ circ. in longitudine
corporis absque-, $4\frac{1}{4}$ circ. in longitudine corporis cum pinna caudali; altitudine capitis longitudine ejus absque operculo non majore; linea rostro-frontali
convexiuscula; oculis diametro 3 ad 3 et paulo in longitudine capitis, diametro $\frac{2}{3}$ ad $\frac{3}{4}$ distantibus; rostro convexiusculo oculo non vel vix breviore;
osse suborbitali granulato-striato, inferne non emarginato, postice obtuse rotundato margine posteriore valde obliquo, ad angulum oris oculi diametro
verticali paulo tantum humiliore; maxillis aequalibus, superiore vix ante oculum desinente 3 circ. in longitudine capitis; dentibus intermaxillaribus pluriseriatis serie externa utroque latere 20 circ. parvis subaequalibus dentibus
seriebus internis majoribus; dentibus inframaxillaribus anterioribus pluriseriatis, lateralibus uniseriatis inaequalibus utroque latere 15 circ.; dentibus caninis maxilla superiore antice utroque latere insuper 3 curvatis mediocribus;
maxilla inferiore antice utroque latere insuper caninoideis 3 vel 4 parvis
rectiusculis; praeoperculo edentulo, limbo alepidoto parte squamata vix graciliore; operculo spinula vix conspicua; squamis corpore 50 circ. in linea laterali, 15 in serie transversali quarum 3 lineam lateralem inter et dorsalem
spinosam mediam; linea laterali singulis squamis tubulo bifido vel trifido notata; pinna dorsali spinis gracilibus flexilibus vix pungentibus non productis
mediis ceteris longioribus corpore minus duplo humilioribus, membrana inter
singulas spinas leviter emarginata; dorsali radiosa dorsali spinosa paulo humi-

liore convexa postice angulata; pinnis pectoralibus ventralibus non productis paulo longioribus capite absque rostro vix longioribus; caudali lobis acutis, superiore inferiore longiore capite non vel vix breviore; anali spinis gracilibus debilibus 3ª ceteris longiore radio 1º breviore, parte radiosa antice convexa postice acutangula; colore corpore superne roseo, inferne dilutiore; iride flavescente; dorso fasciis 5 transversis diffusis rubro-violascentibus vix infra media latera descendentibus; pinnis imparibus roseis, dorsali inter singulas spinas nebula aurantiaca, superne aurantiaco marginata; pectoralibus flavescente-roseis; ventralibus roseo-hyalinis vel margaritaceis.

B. 6. D. 10/9 vel 10/10. P. 2/15. V. 1/5. A. 3/7 vel 3/8. C. 1/15/1 et lat. brev.

Syn. *Synagris Ovenii* Günth., Cat. Fish. I p. 375.

Hab. Celebes (Macassar), in mari.

Longitudo 2 speciminum 150‴ et 169‴.

Dentex sundanensis Blkr.

Dent. corpore oblongo-subelongato compresso, altitudine 4 in ejus longitudine absque-, 5 et paulo in ejus longitudine cum pinna caudali; latitudine corporis 1¾ circ. in ejus altitudine; capite obtuso convexo 3½ circ. in longitudine corporis absque-, 4¼ ad 4⅖ in longitudine corporis cum pinna caudali; altitudine capitis longitudine ejus absque operculo non majore; oculis diametro 3 circ. in longitudine capitis, diametro ⅔ circ. distantibus; linea rostro-frontali leviter convexa; rostro convexiusculo oculo paulo breviore; osse suborbitali granulato-striato inferne non emarginato postice valde obtusangulo rotundato, ad angulum oris oculi diametro verticali paulo tantum humiliore; maxillis aequalibus superiore sub oculi margine anteriore desinente 3 circ. in longitudine capitis; dentibus intermaxillaribus pluriseriatis serie externa utroque latere 15 ad 20 parvis subaequalibus dentibus seriebus internis conspicue majoribus; dentibus inframaxillaribus anterioribus pluriseriatis, lateralibus uniseriatis inaequalibus utroque latere 15 ad 20; dentibus caninis maxilla superiore antice utroque latere insuper 3 curvatis externo ceteris vulgo majore; dentibus caninoideis maxilla inferiore antice utroque latere insuper 3 vel 4 parvis subaequalibus: praeoperculo edentulo limbo alepidoto parte squamata non graciliore; operculo spinula parum conspicua; squamis corpore 50 circ. in linea laterali, 15 in serie transversali quarum 3 lineam lateralem inter et dorsalem spinosam mediam; linea laterali singulis squamis tubulo vulgo dichotomo nofato, pinna dorsali spinis gracillimis flexilibus vix vel non pungentibus non productis mediis ceteris longioribus $1\frac{2}{3}$ ad $1\frac{3}{4}$ in altitudine corporis, membrana inter singulas spinas vix emarginata; dorsali radiosa dorsali spinosa non ad vix humiliore postice angulata; pinnis pectoralibus ventralibus non productis longioribus capite paulo brevioribus; caudali lobis acutis superiore inferiore paulo longiore capite non breviore; anali spinis gracilibus pungentibus 3a ceteris longiore radio 1° breviore, parte radiosa non emarginata postice acutangula; colore corpore superne roseo, inferne roseo-argenteo; iride flavescente; lateribus vittis longitudinalibus 4 vel 5 flavescentibus, superiore nucho-dorsali, ceteris operculo-caudalibus; pinnis roseis.

B. 6. D. 10/9 vel 10/10. P. 2/14. V. 1/5. A. 3/7 vel 3/8. C. 1/15/1 et lat. brev.

Syn. *Dentex tambulus* Blkr, Verh. Bat. Gen. XXIII Spar. p. 12 (nec CV.).

    Passir passir, Gurisi mejruh Mal.

Hab. Java (Batavia); Bangka (Muntok, Tandjong-berikat); Biliton; Celebes (Badjoa, Lagusi); in mari.

Longitudo 4 speciminum 165''' ad 185'''.

Rem. L'espèce actuelle étant fort différente de celle figurée par M. Rüppell sous le nom de Cantharus filamentosus et identifiée par Cuvier Valenciennes avec leur Dentex tambulus, elle doit prendre un nom distinct. Elle est voisine de l'Ovenii tant par les proportions de la hauteur du corps et de la tête, que par la dentition et par la nature et la longueur des épines dorsales, mais elle s'en distingue par son profil plus obtus et plus convexe, par l'absence de bandes transversales et par la présence au contraire de bandelettes longitudinales jaunes.

Dentex metopias Blkr, Act. Soc. Scient. Ind. Neerl. II, Achtste bijdr. vischf. Amboina p. 51, Atl. Ichth. Tab. 320. Perc. tab. 42 fig. 5.

Dent. corpore subelongato compresso, altitudine 4 circ. in ejus longitudine absque-, 5 ad $5\frac{1}{4}$ in ejus longitudine cum pinna caudali (absque filo); latitudine corporis $1\frac{2}{3}$ circ. in ejus altitudine; capite obtuso valde convexo $3\frac{2}{3}$ ad $3\frac{3}{5}$ in longitudine corporis absque-, $4\frac{1}{4}$ ad $4\frac{3}{4}$ in longitudine corporis cum pinna caudali (absque filo); altitudine capitis latitudine ejus absque operculo non majore; linea rostro-frontali convexa; oculis diametro $2\frac{2}{3}$ ad 3 in longitudine capitis, diametro $\frac{1}{4}$ ad $\frac{2}{3}$ distantibus; rostro convexo oculo breviore; osse suborbitali granulato, inferne non vel vix emarginato postice obtusangulo rotundato margine posteriore obliquo, ad angulum oris oculi diametro verticali duplo circ. humiliore; maxillis aequalibus, superiore sub oculi parte anteriore desinente $2\frac{2}{3}$ ad 3 fere in longitudine capitis; dentibus intermaxillaribus pluriseriatis serie externa utroque latere 25 circ. subaequalibus dentibus seriebus internis majoribus; dentibus inframaxillaribus anterioribus pluriseriatis utroque latere 16 ad 20 circ. inaequalibus; dentibus caninis maxilla superiore antice utroque latere insuper 3 vel 4 mediocribus curvatis externis ceteris majoribus; maxilla inferiore antice caninis nullis sed utroque latere caninoideis 3 ad 6 inaequalibus rectiusculis; praeoperculo margine posteriore denticulis minimis scabro, limbo alepidoto parte squamata duplo circiter graciliore; operculo spinula sat conspicua; squamis corpore 50 circ. in linea laterali, 15 in serie transversali quarum 3 lineam lateralem inter et dorsalem spinosam mediam; linea laterali singulis squamis tubulo vulgo dichotomo notata; pinna dorsali spinis mediocribus sat gracilibus pungentibus non flexilibus non productis posterioribus 5 vel 6 subaequalibus spinis ceteris longioribus corpore duplo ad minus duplo brevioribus, membrana inter singulas spinas vix emarginata; dorsali radiosa dorsali spinosa vix altiore postice obtusangula; pectoralibus ventralibus radio 1° paulo producto longioribus capite paulo brevioribus; caudali lobis acutis superiore inferiore longiore plus minusve producto absque filo capite non vel vix breviore; anali spinis gracilibus non flexilibus 3ᵃ ceteris longiore radio 1° breviore parte radiosa non vel vix emarginata postice acutangula; colore corpore superne roseo, inferne roseo-argenteo; iride flava vel rosea; pinnis roseis vel roseo-hyalinis, dorsali superne flavo marginata.

B. 6. D. 10/9 vel 10/10. C. 2/14. V. 1/5. A. 3/7 vel 3/8. C. 1/15/1 et lat. brev.

Syn. *Synagris metopias* Günth., Catal. Fish. I p. 376.

Hab. Amboina, in mari.

Longitudo 5 speciminum 179‴ ad 202‴ absque filo caudali (220‴ cum filo caudali).

Rem. Le Dentex metopias appartient au groupe des Ovenii et des Sundanensis pour ce qui regarde la dentition et la hauteur relative du corps et de la tête, mais il est encore fort distinct de ces deux espèces par les épines dorsales qui sont plus fortes, poignantes et non flexibles et dont les 5 ou 6 postérieures sont d'égale longueur. Puis aussi il a la tête plus convexe,

16

le sousorbitaire moins haut, le bord postérieur du préopercule légèrement
dentelé, le limbe nu du préopercule beaucoup moins large, etc.

Dentex nemurus Blkr., Act. Soc. Scient. Ind. Neerl. II, Achtste bijdr.
vischf. Amboina p. 49.

Dent. corpore subelongato compresso, altitudine 4 et paulo in ejus longitudine absque-, $5\frac{1}{3}$ circiter in ejus longitudine cum pinna caudali (absque
filo); latitudine corporis $1\frac{1}{4}$ circ. in ejus altitudine; capite obtuso convexo
$3\frac{2}{3}$ circ. in longitudine corporis absque-, $4\frac{1}{2}$ circ. in longitudine corporis cum
pinna caudali (absque filo); altitudine capitis longitudine ejus absque oper-
culo majore; linea rostro-frontali convexa; oculis diametro $2\frac{2}{3}$ circ. in longitudine capitis, diametro $\frac{2}{3}$ circ. distantibus; rostro convexo oculo breviore;
osse suborbitali granulato-striato, inferne non vel vix emarginato, postice
subrectangulo angulo obtuse rotundato margine posteriore obliquo, ad angulum
oris oculi diametro verticali duplo fere humiliore; maxillis aequalibus superiore sub oculi parte anteriore desinente $2\frac{1}{2}$ circ. in longitudine capitis; dentibus intermaxillaribus pluriseriatis serie externa utroque latere 25 circ. subaequalibus dentibus seriebus internis majoribus; dentibus inframaxillaribus
anterioribus pluriseriatis lateralibus uniseriatis utroque latere 20 circ. inaequalibus; dentibus caninis maxilla superiore antice utroque latere insuper 3
mediocribus curvatis externo ceteris majore; maxilla inferiore antice utroque
latere insuper caninoideis 4 vel 5 parvis rectiusculis; praeoperculo margine
posteriore denticulis scabro, limbo alepidoto parte squamata minus duplo
graciliore; operculo spinula brevi conspicua; squamis 50 circ. in linea laterali, 15 in serie transversali quarum 3 lineam lateralem inter et dorsalem
spinosam mediam; linea laterali singulis squamis tubulo vulgo dichotomo
notata; pinna dorsali spinis mediocribus pungentibus non flexilibus non productis posterioribus 7 subaequalibus spinis anterioribus longioribus corpore
duplo fere humilioribus, membrana inter singulas spinas vix emarginata;
dorsali radiosa dorsali spinosa paulo altiore postice obtusangula; pectoralibus
ventralibus radio 1º plus minusve producto paulo longioribus capite vix
brevioribus; caudali lobis acutis superiore longiore in filum producto absque
filo capite non vel vix breviore; anali spinis mediocribus non flexilibus 3ª
ceteris longiore radio 1º breviore, parte radiosa antice convexa postice acutangula; colore corpore superne roseo, inferne roseo-argenteo; iride flava

inferne rubra; pinnis roseis, dorsali superne flavo marginata, anali dimidio basali guttulis flavis in seriem longitudinalem dispositis.

B. 6. D. 10/9 vel 10/10. P. 2/14. V. 1/5. A. 3/7 vel 3/8. C. 1/15/1 et lat. brev.

Syn. *Synagris nemurus* Günth , Cat. Fish. I p. 378.

Hab. Amboina, in mari.

Longitudo speciminis unici, filo caudali incluso, 225'''.

Rem. Dans le nemurus et le celebicus la hauteur du corps mesure 4 fois dans sa longueur et celle de la tête dépasse sa longueur sans l'opercule. Par ces deux caractères déjà ces deux espèces se distinguent des précédentes. Elles se font remarquer encore par le peu de hauteur du sousorbitaire, par les 20 ou plus de 20 dents intermaxillares de la rangée externe, par les denticulations du bord postérieur du préopercule et par les épines dorsales qui sont poignantes et non flexibles et dont les 5 ou 6 postérieures sont d'égale longueur. J'ai nommé l'espèce actuelle nemurus à cause du filet du lobe supérieur de la caudale par lequel il se distingue du celebicus, mais elle diffère aussi du dernier par l'absence de bande oculo-caudale jaune, par l'absence de bandelettes sur la dorsale et par un nombre supérieur de dents sur la rangée externe de la mâchoire inférieure.

Dentex celebicus Blkr, Vijfde bijdr. ichth. Celebes, Nat. T. Ned. Ind. VII p. 245.

Dent. corpore oblongo-elongato compresso, altitudine 4 in ejus longitudine absque-, 5 et paulo in ejus longitudine cum pinna caudali; latitudine corporis 1⅔ circ. in ejus altitudine; capite obtusiusculo convexo 3⅔ circ. in longitudine corporis absque-, 4¼ circ. in longitudine corporis cum pinna caudali; altitudine capitis longitudine ejus absque operculo vix majore; linea rostrofrontali convexiuscula; oculis diametro 3 circ. in longitudine capitis, diametro ⅔ circ. distantibus; rostro obtusiusculo convexo oculo vix breviore; osse suborbitali granulato-striato inferne leviter emarginato postice obtuse rotundato margine posteriore obliquo convexo, ad angulum oris oculi diametro verticali multo sed minus duplo humiliore; maxillis aequalibus, superiore sub oculi parte anteriore desinente, 2⅓ circ. in longitudine capitis; dentibus intermaxillaribus pluriseriatis serie externa utroque latere 20 circ. parvis subaequalibus dentibus seriebus internis conspicue majoribus; dentibus inframaxil-

16*

laribus anterioribus pluriseriatis, lateralibus uniseriatis inaequalibus utroque latere 7 ad 13; dentibus caninis maxilla superiore antice utroque latere insuper caninoideis 3 vel 4 curvatis inaequalibus; praeoperculo margine posteriore denticulis tactu magis quam visu conspicuis scabro, limbo alepidoto parte squamata sat multo sed minus duplo graciliore; operculo spinula vix conspicua; squamis corpore 50 circ. in linea laterali, 15 in serie transversali quarum 3 lineam lateralem inter et dorsalem spinosam mediam; linea laterali singulis squamis tubulo vulgo simplice parum conspicuo notata; pinna dorsali spinis mediocribus pungentibus non flexilibus non productis posterioribus 5 vel 6 subaequalibus spinis anterioribus longioribus corpore duplo circ. humilioribus, membrana inter singulas spinas vix emarginata; dorsali radiosa dorsali spinosa vix altiore postice obtusangula; pinnis pectoralibus ventralibus radio 1° producto paulo brevioribus capite absque rostro longioribus; caudali lobis acutis superiore inferiore longiore capite vix breviore; anali spinis mediocribus pungentibus non flexilibus 3ª ceteris longiore radio 1° paulo breviore, parte radiosa antice convexa postice acutangula; colore corpore pulchre roseo inferne dilutiore; iride flavescente; vitta rostro-oculo-caudali flava; pinnis ventralibus hyalinis radio 2° flavescente, ceteris roseis, dorsali et anali vittis 2 longitudinalibus flavis, dorsali superne flavo marginata.

B. 6. D. 10/9 vel 10/10. P. 2/13. V. 1/5. A. 3/7 vel 3/8. C. 1/15/1 et lat. brev.

Syn. *Synagris celebicus* Günth., Cat. Fish. I p. 377.

Hab. Celebes (Macassar); in mari.

Longitudo speciminis unici 197'''.

Rem. A l'état frais on distingue aisément le celebicus du nemurus par la bande-oculo-caudale jaune et par les deux bandelettes de la même couleur sur la dorsale et sur l'anale. Du reste la caudale n'est pas prolongée en filet et les dents inframaxillaires sont plus fortes et moins nombreuses.

Dentex tolu CV., Poiss. VI p. 184? Blkr, Verh. Bat. Gen. XXIII Spar.
p. 13.; Atl. ichth. VII tab. 315, Perc. tab. 37 fig. 1. (nec Klunz.).

Dent. corpore oblongo compresso, altitudine 3 et paulo ad 3⅓ in ejus longitudine absque-, 4 et paulo ad 4¼ in ejus longitudine cum pinna caudali; latitudine corporis 2 fere ad 2 in ejus altitudine; capite obtuso convexo 3⅓ ad 3⅔ in longitudine corporis absque-, 4⅔ ad 5 fere in longitudine corporis cum pinna caudali; altitudine capitis longitudine ejus absque operculo multo majore, tota ejus longitudine vix minore; linea rostro-frontali convexa; oculis diametro $2\frac{1}{2}$ ad $2\frac{3}{4}$ in longitudine capitis, diametro $\frac{1}{4}$ ad $\frac{3}{4}$ distantibus; rostro valde convexo oculo breviore; osse suborbitali granulato-striato inferne non emarginato postice obtusangulo angulo rotundato margine posteriore valde obliquo, ad angulum oris oculi diametro verticali multo sed multo minus duplo humiliore; maxillis aequalibus, superiore sub oculi parte anteriore desinente $2\frac{3}{4}$ ad 3 in longitudine capitis; dentibus intermaxillaribus pluriseriatis serie externa utroque latere 14 ad 18 inaequalibus dentibus seriebus internis con-spicue majoribus; dentibus caninis maxilla superiore antice utroque latere insuper 3 mediocribus curvatis externo ceteris majore; maxilla inferiore an-tice caninis vel caninoideis nullis; praeoperculo edentulo, limbo alepidoto parte squamata duplo graciliore; operculo spinula rudimentaria vix conspicua; squa-mis corpore 50 circ. in linea laterali, 15 in serie transversali quarum 3 lineam lateralem inter et dorsalem spinosam mediam; linea laterali singulis squamis tubulo dichotomo vel trichotomo notata; pinna dorsali spinis gracillimis non pungentibus flexilibus mediis ceteris longioribus corpore multo minus duplo humilioribus, membrana inter singulas spinas valde profunde incisa; dorsali radiosa dorsali spinosa sat multo humiliore convexa postice angulata; pectora-libus et ventralibus radio I° plus minusve productis longitudine subaequalibus capite brevioribus; caudali lobis acutis superiore inferiore longiore capite non ad vix breviore; anali spinis gracilibus non flexilibus 3ᵃ ceteris longiore radio 1° breviore, parte radiosa non emarginata postice acutangula; colore corpore superne roseo, inferne roseo-argenteo; iride flava; regione postsca-pulari macula rubra; lateribus vittis pluribus longitudinalibus flavis, superiore supra lineam lateralem decurrente, ceteris oculo· et operculo-caudalibus; pin-nis dorsali, pectoralibus caudalique roseis, ceteris albidis vel roseo-margarita-ceis, dorsali spinosa superne et caudali superne et inferne flavescente margi-natis.

B. 6. D. 10/9 vel 10/10. P. 2/15. V. 1/5. A. 3/7 vel 3/8. C. 1/15/1 et lat. brev.
Syn. *Lama guliminda* Russ., Fish. Corom. II. p. 6. Fig. 107?

    Cantharus guliminda CV., Poiss. VI. p. 257?

    Spondyliosoma guliminda Cant., Catal. Mal. Fish. p. 50?

    Dentex obtusus V. Hass., S. Müll., Mus. Lugd. batav.

    Passir-passir, Gurisi mejrah Mal.; *Djamban* Sund.

Hab. Sumatra (Siboga, Benculen, Trussan, Padang, Priaman); Pinang; Bangka

(Muntok, Gussong-assam); Java (Batavia, Bantam); Sumbawa (Bima); Nova-Guinea ; in mari.

Longitudo 73 speciminum 70''' ad 215'''.

Rem. Le Dentex actuel et celui dont la description va suivre se distinguent de toutes les autres espèces indo-archipelagiques par l'échancrure profonde de la membrane entre les épines dorsales. Elles ont encore de commun des épines dorsales fort grêles et flexibles dont les médianes sont plus longues que les autres, mais elles se distinguent entre elles, outre la présence ou l'absence de bandelettes longitudinales, par la nature différente du bord postérieur et du limbe du préopercule, par la hauteur relative du corps, etc.

J'ai rapporté le tolu autrefois au tolu de la grande Histoire naturelle des poissons, et bien que je doute maintenant quelque peu de la justesse de ce rapprochement je préfère lui laisser le nom Cuviérien. La description de Cuvier-Valenciennes n'est pas assez détaillée pour qu'une comparaison à mes individus puisse établir suffisamment l'identité ou la non-identité spécifique des deux formes. Je crois reconnaître du reste l'espèce actuelle dans le Lama guliminda de Russell, espèce qui habite les mêmes côtes que le tolu CV. et dans le Spondyliosoma guliminda Cant. de Pinang. Un individu du Musée de Leide, le Dentex obtusus de Van Hasselt et de S. Müller, espèce nommée mais pas décrite par son auteur, n'est autre que le tolu.

Dentex mulloides Blkr, Diagn. n. vischs. Sumatra, Tient. I—IV, Nat. T. Ned. Ind. III p. 576 ; Atl. ichth. VII Tab. 326, Perc. tab. 48 fig. 5.

Dent. corpore subelongato compresso, altitudine 4 circ. in ejus longitudine absque-, 5 circ. in ejus longitudine cum pinna caudali ; latitudine corporis 1⅔ circ. in ejus altitudine; capite obtuso convexo, 3½ circ. in longitudine corporis absque-, 4¼ circ. in longitudine corporis cum pinna caudali; altitudine capitis longitudine ejus absque operculo paulo majore, tota ejus longitudine sat multo minore ; linea rostro-frontali convexa; oculis diametro 2¼ circ. in longitudine capitis, diametro ⅔ circ. distantibus; rostro vix convexo oculo paulo breviore; osse suborbitali rugoso inferne non emarginato postice obtusangulo rotundato margine posteriore valde obliquo, ad angulum oris oculi diametro verticali multo sed multo minus duplo humiliore ; maxillis aequalibus, superiore sub oculi margine anteriore desinente, 3 circ. in longitudine capitis : dentibus intermaxillaribus et inframaxillaribus pluriseriatis serie externa utroque latere 12 ad 16 subaequalibus dentibus seriebus internis conspicue majoribus ; dentibus caninis maxilla superiore antice utroque latere insuper 3 vel 4 mediocribus externo ceteris majore ; maxilla inferiore antice caninis vel caninoideis nullis ; praeoperculo margine posteriore scabriusculo, limbo alepidoto parte squamata minus duplo graciliore ; operculo spinula vix conspicua ; squamis corpore 50 circ. in linea laterali, 15 in serie transversali quarum 3 lineam lateralem inter et dorsalem spinosam mediam ; linea laterali singulis squamis tubulo vulgo dichotomo notata ; pinna dorsali spinis gracillimis non pungentibus flexilibus mediis ceteris longioribus corpore multo minus duplo humilioribus, membrana inter singulas spinas valde profunde incisa ; dorsali radiosa dorsali spinosa sat multo humiliore convexa postice angulata ; pectoralibus ventralibus radio 1° plus minusve producto longioribus capite brevioribus ; caudali lobis acutis superiore inferiore et capite longiore ; anali spinis gracilibus flexilibus 3ª ceteris longiore radio 1° breviore, parte radiosa antice convexa postice acutangula ; colore corpore superne roseo, inferne dilutiore ; iride flava vel rosea ; pinnis roseis, dorsali superne flavescente, anali vitta longitudinali mediana diffusa flavescente.

B. 6. D. 10/9 vel 10/10. P. 2/13. V. 1/5. A. 3/7 vel 3/8. C. 1/15/1 et lat. brev.

Syn. *Synagris mulloides* Günth., Cat. Fish. 1 p. 374.

Hab. Sumatra (Padang, Siboga), in mari.

Longitudo 2 speciminum 225''' et 235'''.

Rem. Fort voisin du tolu, le mulloides se distingue cependant par la forme notablement moins trapue du corps, par les petites dents du bord postérieur du préopercule, par le limbe préoperculaire qui est plus large, par l'absence de bandelettes latérales jaunes et par la présence au contraire d'une bandelette longitudinale jaune sur l'anale.

Dentex nematophorus Blkr, Nieuwe tient. diagn. vischs. Sumatra, Nat. T. Ned. Ind. V p. 500; Atl. ichth. VII tab. 291 Perc. tab. 13 fig. 1.

Dent. corpore oblongo compresso, altitudine 3 et paulo ad 3⅓ in ejus longitudine absque-, 4 ad 4⅔ in ejus longitudine cum pinna caudali (absque radio producto) ; latitudine corporis 2 circ. in ejus altitudine ; capite obtuso convexo 3¼ circ. in longitudine corporis absque pinna caudali, 4 ad 1¼ in longitudine corporis cum pinna caudali (absque radio producto); altitudine capitis longitudine ejus absque operculo sat multo majore; oculis diametro 3 fere ad 3 et paulo in longitudine capitis, diametro ½ ad ⅔ distantibus; linea rostro-frontali convexiuscula; rostro convexo oculo breviore; osse sub-orbitali granulato-striato, inferne leviter emarginato, postice subrectangulo angulo rotundato, ad angulum oris oculi diametro verticali duplo fere ad plus duplo humiliore; maxillis aequalibus, superiore sub oculi limbo anteriore desinente 3 circ. in longitudine capitis; dentibus intermaxillaribus pluriseriatis serie externa utroque latere plus quam 20 (25 circ.) dentibus seriebus internis majoribus; dentibus inframaxillaribus anterioribus pluriseriatis lateralibus uniseriatis inaequalibus utroque latere plus quam 20 (25 circ.); dentibus caninis maxilla superiore antice utroque latere insuper 3 ad 5 parvis curvatis externis ceteris vulgo paulo majoribus; maxilla inferiore antice caninis vel caninoideis nullis; praeoperculo margine posteriore denticulis tactu magis quam visu conspicuis, limbo alepidoto parte squamata duplo circ. graciliore; operculo spinula parva parum conspicua; squamis corpore 50 circ. in linea laterali, 15 in serie transversali quarum 3 lineam lateralem inter et dorsalem spinosam mediam; linea laterali singulis squamis tubulo vulgo dichotomo notata; pinna dorsali spinis gracilibus flexilibus, anterioribus 2 valde productis setiformibus caudam attingentibus, ceteris juvenilibus quam aetate provectioribus rigidioribus pungentibus aetate provectis praesertim postrorsum longitudine sensim accrescentibus, spinis posticis junioribus corpore plus duplo-, aetate provectis corpore minus duplo humilioribus, membrana inter singulas spinas junioribus et aetate provectioribus non vel vix emarginata; pectoralibus ventralibus radio 1° paulo productis longioribus capite non vel vix brevioribus; caudali lobis acutissimis superiore in setam filiformem capite multo ad non breviorem producto, absque filo capite non ad vix breviore; anali spinis gracilibus non flexilibus 3ᵃ ceteris longiore radio 1° breviore, parte radiosa convexa postice acutangula; colore corpore pinnisque roseo; iride flava; vittis cephalo-caudalibus 3 vel 4 aureis vel flavis, superiore temporo-caudali, 2ᵃ rostro-oculo-caudali; dorsali superne flavo marginata; anali vitta longitudinali oblique flava.

B. 6. D. 10/9 vel 10/10. P. 2/15. V. 1/5. A. 3/7 vel 3/8. C. 1/15/1 et lat. brev.

Syn. *Synagris nematophorus* Günth., Cat. Fish. I p. 379.

Hab. Sumatra (Padang), in mari.

Longitudo 3 speciminum 140''' ad 172'' (absque filo caudali) vel 170''' ad 220''' (cum filo caudali).

Rem. Dans cette espèce et dans toutes celles dont la description va suivre on trouve les caractères combinès d'absence de canines ou de caninoïdes inframaxillaires et d'une membrane entre les épines dorsales non échancrée et réunissant le bout des épines. On peut diviser ces espèces en deux groupes, c'est à dire en celles où la hauteur de la tête égale sa longueur sans l'opercule et en celles où cette hauteur dépasse la même longueur. Le nematophorus appartient au dernier groupe et est éminemment caractérisé par le prolongement extraordinaire en filet ou en soie des deux premières épines dorsales. Ce caractère ne se retrouve que dans le Dentex macronema Blkr (= Dentex filamentosus CV. = Synagris macronema Günth.) de Suriname, mais dans celui-ci ce n'est qu'une seule épine (la première) qui est prolongée. Du reste le macronema est fort voisin du nematophorus mais il a le filet caudal et celui des ventrales plus longs, et l'angle de l'anale et de la dorsale molles plus pointu.

Dentex sinensis Blkr.

Dent. corpore oblongo compresso, altitudine $3\frac{1}{3}$ ad $3\frac{1}{2}$ in ejus longitudine absque pinna caudali, $4\frac{1}{3}$ ad $4\frac{1}{4}$ in ejus longitudine cum pinna caudali (absque filo); latitudine corporis 2 circ. in ejus altitudine; capite obtusiusculo convexo $3\frac{2}{3}$ ad 4 fere in longitudine corporis absque-, $4\frac{1}{2}$ ad 5 circ. in longitudine corporis cum pinna caudali (absque filo); altitudine capitis longitudine ejus absque operculo multo majore tota ejus longitudine vix vel non minore; linea rostro-frontali convexiuscula; oculis diametro 3 fere ad 3 et paulo in longitudine capitis, diametro $\frac{1}{2}$ ad $\frac{2}{3}$ distantibus; rostro leviter convexo oculo paulo breviore; osse suborbitali granulato-striato inferne non emarginato postice obtusangulo angulo rotundato margine posteriore obliquo convexo, ad angulum oris oculi diametro verticali duplo ad multo minus duplo humiliore; maxillis aequalibus, superiore sub oculi margine anteriore desinente 3 fere ad 3 et paulo in longitudine capitis; dentibus intermaxillaribus pluriseriatis serie externa utroque latere 30 ad plus quam 30 parvis subaequalibus dentibus seriebus internis majoribus; dentibus inframaxillaribus anterioribus pluriseriatis lateralibus uniseriatis inaequalibus utroque latere 30 ad plus quam 30; denti-

17

bus caninis maxilla superiore antice utroque latere insuper 3 vel 4 mediocribus
curvatis externo ceteris longiore ; maxilla inferiore antice caninis vel caninoideis nullis ; praeoperculo margine posteriore denticulis tactu magis quam visu
conspicuis, limbo alepidoto parte squamata duplo circ. graciliore ; operculo spinula parum conspicua ; squamis corpore 50 circ. in linea laterali, 15
in serie transversali quarum 3 lineam lateralem inter et dorsalem spinosam
mediam ; linea laterali singulis squamis tubulo vulgo dichotomo notata ; pinna
dorsali spinis gracilibus pungentibus flexilibus non productis posterioribus 8
subaequalibus anterioribus paulo longioribus corpore plus duplo humilioribus,
membrana inter singulas spinas vix emarginata ; dorsali radiosa dorsali spinosa
paulo altiore postice obtuse rotundata ; pectoralibus ventralibus radio 1° plus
minusve producto paulo ad non longioribus capite non ad vix brevioribus ;
caudali lobis acutissimis superiore inferiore longiore in setam capite breviorem
ad longiorem producto absque seta capite non ad vix breviore ; anali spinis
gracilibus pungentibus 3ᵃ ceteris breviore radio 1° breviore, parte radiosa
non emarginata postice acutangula ; colore corpore pinnisque roseo ; iride
flava vel rosea ; vitta rostro-oculari flava ; lateribus vittis pluribus longitudinalibus flavescentibus vel aureis ; vitta insuper gracili operculo-caudali laete
sulphurea lineam lateralem cauda secante ; pinna dorsali basi vitta longitudinali flava, superne flavo marginata ; ventralibus radio 1° flavo ; anali vitta
basali et intramarginali longitudinalibus flavis parallelis ; caudali superne flavo
marginata.

B. 6. D. 10/9 vel 10/10. P. 2/15. P. 1/5. A. 3/7 vel 3/8. C. 1/15/1 et lat. brev.
Syn. *Sparus sinensis* Lac., Poiss. IV p. 46.
    Dentex setigerus CV., Poiss. VI p. 187 ; Schleg., Faun. Jap. Poiss. p. 73
        tab. 37 fig. 1 ; Rich., Rep. ichth. Chin., in Rep. 15ʰ meet. Brit. Assoc.
        p. 242 ; Blkr, Verh Bat. Gen. XXV Nalez. ichth. Japan p. 33.
    Synagris sinensis Günth., Catal. Fish. I p. 379.
Hab. Kiusiu (Nagasaki) ; in mari.
Longitudo 8 speciminum 95‴ ad 250‴ (absque filo caudali).

Rem. Voici encore une espèce des mieux caractérisées et reconnaissable
du premier coup-d'oeil, même après une conservation prolongée dans la liqueur, à la large strie jaune-souffre nettement marquée au-dessous de la ligne
latérale. Du reste elle se distingue encore par plusieurs autres caractères, par
le filet de la caudale, par la faiblesse des épines dorsales flexibles, par le

bord rude du préopercule, par les bandelettes dorées ou jaunes du corps et
des nageoires dorsale et caudale, etc. La figure de la Faune du Japon représente fautivement l'écaillure de la tête, l'oeil beaucoup trop petit, les épines
dorsales trop fortes, etc.

Dentex Blochi Blkr, Nieuw bijdr. Perc. Sciaen., Nat. Tijdschr. Ned.
Ind. II p. 176.

Dent. corpore oblongo compresso, altitudine $2\frac{1}{3}$ ad 3 in ejus longitudine
absque-, $3\frac{2}{3}$ ad 4 fere in ejus longitudine cum pinna caudali; latitudine corporis 2 ad $2\frac{1}{4}$ in ejus altitudine; capite obtuso convexo 3 ad $3\frac{1}{4}$ in longitudine corporis absque-, 4 ad $4\frac{1}{2}$ in longitudine corporis cum pinna caudali;
altitudine capitis longitudine ejus absque operculo multo et tota ejus longitudine paulo majore; linea rostro-frontali convexa; oculis diametro 3 fere ad
$3\frac{1}{4}$ in longitudine capitis, diametro $\frac{1}{2}$ ad $\frac{2}{3}$ distantibus; rostro obtuso convexo
oculo multo ad paulo breviore; osse suborbitali granulato-striato, inferne vix
vel non emarginato, postice rectangulo angulo rotundato margine posteriore
convexo, ad angulum oris oculi diametro verticali junioribus duplo-, aetate
provectis paulo tantum humiliore; maxillis aequalibus, superiore sub pupilla
desinente $2\frac{1}{2}$ ad $2\frac{2}{3}$ in longitudine capitis; dentibus intermaxillaribus plurisc-
riatis serie externa utroque latere plus quam 30 parvis subaequalibus den-
tibus seriebus internis paulo majoribus; dentibus inframaxillaribus anterioribus
pluriseriatis, lateralibus uniseriatis subaequalibus, utroque latere plus quam
30; dentibus caninis maxilla superiore antice utroque latere insuper 4 vel 5
parvis externis ceteris majoribus; maxilla inferiore antice caninis vel caninoideis nullis; praeoperculo edentulo, limbo alepidoto parte squamata duplo circ.
graciliore; operculo spinula parum conspicua; squamis corpore 50 circ. in
linea laterali, 15 in serie transversali quarum 3 lineam lateralem inter et
dorsalem spinosam mediam; linea laterali singulis squamis tubulo vulgo dichotomo notata; pinna dorsali spinis gracilibus rigidis pungentibus non productis postrorsum longitudine sensim accrescentibus posteriore $2\frac{1}{4}$ ad 3 in
altitudine corporis, membrana inter singulas spinas vix emarginata; dorsali
radiosa dorsali spinosa paulo altiore, convexa, postice obtusiuscule vel acutiuscule rotundata; pinnis pectoralibus ventralibus radio 1° plus minusve producto
et capite longioribus; caudali lobis acutis superiore inferiore longiore frequenter plus minusve producto capite non ad paulo longiore; anali spinis gra-

17*

oilibuo rigidio pungantibuo 3ª ooluris longiore radlo 1ª brevlore, parte radlosa convexiuscula postice acutangula ; colore corpore superne roseo, inferne dilutiore ; iride flava vel rosea ; operculo macula ferruginea ; lateribus vittis 7 vel 8 longitudinalibus aureis vel flavis ; pinnis dorsali, pectoralibus caudalique roseis, ventralibus analique margaritaceis ; dorsali superne flavo marginata ; anali vitta longitudinali obliqua flava.

B. 6. D. 10/9 vel 10/10. P. 2/15 vel 2/16. V. 1/5. A. 3/7 vel 3/8. C. 1/15/1 et lat. brev.

Syn. *Sparus japonicus* Bl., Ausl. Fisch. V p. 110 tab. 277 fig. 1.

    Synagris japonicus Günth., Catal. Fish. I p. 378.

    Passir-passir et *Gurisi mejrah* Mal.

Hab. Sumatra (Ticu) ; Java (Batavia, Pasuruan) ; Singapura ; in mari.

Longitudo 10 speciminum 90''' ad 185'''.

Rem. Le Dentex actuel a le corps plus haut, plus trapu, qu'aucune des autres espèces de mon cabinet. Il est voisin du nematophorus et du sinensis, mais bien reconnaissable à l'absence d'épines dorsales prolongées et à ce que ces épines ne sont point flexibles. Le filet caudal n'est souvent que rudimentaire. On n'y voit point la strie jaune-soufre du sinensis duquel il se distingue aussi par la bandelette oblique de l'anale et par l'absence de bandelette sur la dorsale. La figure de Bloch est fort incorrecte. Bloch dit son espèce du Japon, mais on sait qu'on n'ait généralement à entendre par le Japon de Bloch que l'île de Java. Il y a donc lieu à ne point conserver à l'espèce le nom Blochien.

Le Dentex grammicus (Synagris grammicus Day), de la côte Malabare, est voisin du Blochi par les formes générales, par les nageoires et par la dentition, mais il est dit avoir le préopercule dentelé, une bandelette rougeâtre sur chaque rangée longitudinale d'écailles et deux bandelettes à l'anale. Le Dentex flaviventris (Heterognathodon flaviventris Steind.) de Zanzibar doit être, lui-aussi, voisin de l'espèce actuelle mais se distingue par sa tête qui est plus grande, par les petites dents du préopercule, par une bande longitudinale jaune-soufre près du profil ventral, par une bandelette longitudinale sur la base de la dorsale, etc.

Dentex nematopus Blkr, N. bijdr. ichth. Celebes, Nat. T. Ned. Ind. II p. 219.

Dent. corpore subelongato compresso, altitudine 4 circ. in ejus longitudine absque-, 5 circ. in ejus longitudine cum pinna caudali; latitudine corporis 2 circ. in ejus altitudine; capite obtuso convexo, $3\frac{1}{4}$ circ. in longitudine corporis absque-, $4\frac{1}{2}$ circ. in longitudine corporis cum pinna caudali; altitudine capitis longitudine ejus absque operculo sat multo majore sed tota ejus longitudine minore; oculis diametro 3 et paulo in longitudine capitis, diametro $\frac{2}{3}$ circ. distantibus; linea rostro–frontali convexa; rostro convexo oculo paulo breviore; osse suborbitali granulato-striato, inferne vix emarginato, postice obtuse rotundato margine posteriore obliquo convexo, ad angulum oris oculi diametro verticali duplo circ. humiliore; maxillis aequalibus, superiore sub oculi dimidio anteriore desinente $2\frac{1}{4}$ circ. in longitudine capitis; dentibus intermaxillaribus pluriseriatis serie externa utroque latere 30 circ. subaequalibus dentibus seriebus internis majoribus; dentibus inframaxillaribus anterioribus pluriseriatis lateralibus uniseriatis inaequalibus utroque latere 20 circ.; dentibus caninis maxilla superiore antice utroque latere insuper 2 curvatis mediocribus; maxilla inferiore antice caninis vel caninoideis nullis; praeoperculo margine posteriore denticulis minimis scabro, limbo alepidoto parte squamata duplo circ. graciliore; operculo spinula parum conspicua; squamis corpore 50 circ. in linea laterali, 15 in serie transversali quarum 5 lineam lateralem inter et dorsalem spinosam mediam; linea laterali singulis squamis tubulo dichotomo notata; pinna dorsali spinis gracilibus non flexilibus pungentibus non productis, posterioribus 4 vel 5 subaequalibus spinis anterioribus longioribus corpore minus duplo humilioribus, membrana inter singulas spinas vix emarginata; pinna dorsali radiosa dorsali spinosa altiore postice acutiuscule angulata; pectoralibus capite non brevioribus; ventralibus radio 1° in filum producto cum filo pectoralibus longioribus analem attingentibus; caudali lobis acutis superiore inferiore et capite paulo longiore; anali spinis gracilibus non flexilibus pungentibus 3ᵃ ceteris longiore radio 1° breviore, parte radiosa non emarginata postice acutangula; colore corpore superne roseo, inferne dilutiore; iride flavescente vel rosea; vittis 2 oculo-caudalibus flavis superiore supra-, inferiore infra lineam lateralem decurrente; pinnis roseis, dorsali vittis 3 longitudinalibus flavidis, anali vittis nullis.

B. 6. D. 10/9 vel 10/10. P. 2/14. V. 1/5. A. 3/7 vel 3/8. C. 1/15/1 et lat. brev.

Syn. *Synagris nematopus* Günth., Catal. Fish. I p. 377.

Hab. Celebes (Bulucomba); in mari.
Longitudo speciminis unici 175'''.

Rem. Parmi les espèces insulindiennes sans canines inframaxillaires, à hauteur de la tête dépassant sa longueur sans l'opercule et à membrane dorsale non échancrée, il y en a trois dont le corps est plus allongé (que dans le nematophorus, sinensis et Blochi) sa hauteur mesurant de presque $3\frac{1}{2}$ fois jusqu'à 4 fois dans sa longueur sans la caudale. Elles ont les épines dorsales non flexibles et poignantes et les 5 ou 6 postérieures environ d'égale longueur et le bord postérieur du préopercule finement dentelé. Ces espèces sont le nematopus, le mesoprion et le tambuloides. Quoique fort voisines les unes des autres elles ne sont pas à confondre. Celle qui fait le sujet de cet article se distingue par les caractères combinés d'un sousorbitaire dont la hauteur mesure deux fois dans le diamètre vertical de l'oeil; du peu de largeur du limbe nu du préopercule qui va deux fois dans la largeur de la partie squammeuse; du prolongement en filet du premier rayon ventral; des deux bandes jaunes du corps, et des trois bandelettes jaunes de la dorsale. Je n'en ai observé que le seul individu décrit. D'après M. Günther elle habite aussi l'Archipel des Louisiades.

Dentex mesoprion Blkr, Diagn. nieuwe vischs. Sumatra, Nat. Tijdschr. Ned. Ind. IV p. 255.

Dent. corpore oblongo-subelongato compresso, altitudine $3\frac{2}{5}$ ad $3\frac{4}{5}$ in ejus longitudine absque-, $4\frac{1}{2}$ ad 5 fere in ejus longitudine cum pinna caudali; latitudine corporis 2 circ. in ejus altitudine; capite obtuso convexo $3\frac{2}{5}$ ad $3\frac{3}{5}$ in longitudine corporis absque-, $4\frac{1}{4}$ ad $4\frac{2}{5}$ in longitudine corporis cum pinna caudali; altitudine capitis longitudine ejus absque operculo sat multo majore tota ejus longitudine paulo minore; linea rostro-frontali convexa; oculis diametro $3\frac{1}{4}$ ad 3^{1} in longitudine capitis, diametro ^{1} ad $\frac{3}{5}$ distantibus; rostro convexo oculo non vel vix breviore; osse suborbitali granulato-striato, inferne non emarginato postice obtusangulo margine posteriore obliquo rectiusculo, ad angulum oris oculi diametro verticali non multo humiliore; maxillis aequalibus, superiore sub pupilla desinente $2\frac{1}{3}$ ad $2\frac{1}{2}$ in longitudine capitis; dentibus intermaxillaribus pluriseriatis serie externa utroque latere 40 circ. parvis dentibus seriebus internis majoribus; dentibus intermaxillaribus anterioribus pluriseriatis lateralibus uniseriatis utroque latere 40 circ. inaequalibus; dentibus

caninis maxilla superiore antice utroque latere insuper 4 ad 6 parvis externo
ceteris paulo majore; maxilla inferiore antice caninis vel caninoideis nullis;
praeoperculo margine posteriore denticulis vix conspicuis scabro, limbo alepidoto parte squamata duplo circ. graciliore; operculo spinula parva conspicua;
squamis corpore 50 circ. in linea laterali, 15 in serie transversali quarum
3 lineam lateralem inter et dorsalem spinosam mediam; linea laterali singulis
squamis tubulo simplice vel dichotomo notata; pinna dorsali spinis gracilibus
pungentibus non flexilibus non productis posterioribus 6 subaequalibus anterioribus longioribus corpore plus duplo humilioribus, membrana inter singulas
spinas vix emarginata; dorsali radiosa dorsali spinosa vix altiore postice angulata; pectoralibus ventralibus radio 1° paulo producto paulo longioribus capite
non ad paulo brevioribus; caudali lobis acutis capite vix brevioribus; anali
spinis gracilibus non flexilibus 3ª ceteris longiore radio 1° breviore, parte
radiosa postice leviter emarginata acutangula; colore corpore superne roseo,
inferne dilutiore; iride flavescente vel rosea; vittis 2 vel 3 cephalo-caudalibus
flavis vel aureis; regione suprascapulari et operculo postice macula carmosina;
pinnis roseis, dorsali radiosa superne vittis 2 longitudinalibus violaceis, anali
vittis 2 longitudinalibus flavis.

B. 6. D. 10/9 vel 10/10. P. 2/14. V. 1/5. A. 3/7 vel 3/8. C. 1/15/1 et lat. brev.

Syn. *Synagris mesoprion* Günth., Cat. Fish. I p. 37.

Hab. Sumatra (Padang, Ulakan Priaman); Singapura; in mari.

Longitudo 2 speciminum 119″ et 156″.

Rem. On reconnaît aisément cette espèce parmi ses voisines à la hauteur
du sousorbitaire qui égale presque le diamètre vertical de l'oeil. Il se distingue
encore du nematopus par les deux bandelettes jaunes de l'anale et par les
deux bandelettes violettes sur le haut de la dorsale molle.

Dentex tambuloides Blkr, Diagn. nieuwe vischs. Batavia, Nat. T. Ned.
Ind. IV p. 465.

Dent. corpore subelongato compresso, altitudine 4 fere in ejus longitudine
absque-, 4¾ fere in ejus longitudine cum pinna caudali; latitudine corporis
2 circ. in ejus altitudine; capite obtuso convexo 3⅔ circ. in longitudine corporis absque-, 4⅓ circ. in longitudine corporis cum pinna caudali; altitudine
capitis longitudine ejus absque operculo multo majore tota ejus longitudine

paulo minore; linea rostro-frontali convexa; oculis diametro 5 et paulo in longitudine capitis, diametro $\frac{2}{3}$ circ. distantibus; rostro convexo oculo breviore; osse suborbitali granulato non striato inferne non emarginato, postice obtuse rotundato margine posteriore obliquo convexo, ad angulum oris oculi diametro verticali paulo humiliore; maxillis subaequalibus superiore sub pupilla desinente $2\frac{3}{4}$ circ. in longitudine capitis; dentibus intermaxillaribus pluriseriatis serie externa utroque latere 30 circ. parvis dentibus seriebus internis majoribus; dentibus inframaxillaribus anterioribus pluriseriatis, lateralibus uriseriatis utroque latere 30 circ. inaequalibus; dentibus caninis maxilla superiore antice utroque latere insuper 5 parvis curvatis lateralibus ceteris majoribus; maxilla inferiore antice caninis vel caninoideis nullis; praeoperculo margine posteriore denticulis tactu magis quam visu conspicuis, limbo alepidoto parte squamata paulo tantum graciliore; operculo spinula parum conspicua; squamis corpore 50 circ. in linea laterali, 15 in serie transversali quarum 3 lineam lateralem inter et dorsalem spinosam mediam; linea laterali singulis squamis tubulo dichotomo vel simplice notata; pinna dorsali spinis gracilibus pungentibus non flexilibus non productis posterioribus 5 subaequalibus spinis anterioribus longioribus corpore plus duplo humilioribus, membrana inter singulas spinas leviter emarginata; pinna dorsali radiosa dorsali spinosa vix altiore convexiuscula postice angulata; pectoralibus ventralibus paulo longioribus capite paulo brevioribus; caudali lobis acutis capite non vel vix brevioribus; anali spinis gracilibus non flexilibus 3ª ceteris longiore radio 1° breviore, parte radiosa antice convexa postice acutangula; colore corpore roseo; iride flavescente vel rubra; vittis cephalo-caudalibus pluribus aureis vel flavis; pinnis roseis vel roseo-hyalinis, dorsali superne vittis 2 longitudinalibus violaceis; anali vitta longitudinali mediana flava.

B. 6. D. 10/9 vel 10,10. P. 2/15. V. 1/5. A. 3/7 vel 3/8. C. 1/15/1 et lat. brev.

Syn. *Passir-passir* et *Gurisi mejrah* Mal.

Hab. Java (Batavia); Celebes (Badjoa); in mari.

Longitudo 2 speciminum 135″′ et 104″′.

Rem. La troisième espèce du groupe des nematopus se distingue par le caractère très-net de la largeur du limbe nu du préopercule qui égale presque la largeur de la partie squammeuse. Du reste elle a le sousorbitaire beaucoup moins haut que le mesoprion et ne porte qu'une seule bandelette sur l'anale, parcourant le milieu de la hauteur de la nageoire.

Dentex upeneoides Blkr, Nieuwe bijdr. ichth. Banka, Nat. T. Ned. Ind. III p. 725.

Dent. corpore oblongo compresso, altitudine 3⅓ circ. in ejus longitudine absque-, 4¼ fere in ejus longitudine cum pinna caudali; latitudine corporis 2 circ. in ejus altitudine; capite obtuso convexo 3 et paulo in longitudine corporis absque-, 4 et paulo in longitudine corporis cum pinna caudali; altitudine capitis longitudine ejus absque operculo non majore; linea rostro-frontali convexa; oculis diametro 3 circ in longitudine capitis, diametro ⅔ circ. distantibus; rostro convexo oculo non vel vix breviore; osse suborbitali granulato-striato, inferne non emarginato, postice valde obtusangulo margine posteriore convexo valde obliquo, ad angulum oris oculi diametro verticali paulo tantum humiliore; maxillis aequalibus, superiore sub oculi margine anteriore desinente, 3 circ. in longitudine capitis; dentibus intermaxillaribus pluriseriatis serie externa utroque latere 16 circ. subaequalibus dentibus seriebus internis majoribus; dentibus inframaxillaribus anterioribus pluriseriatis, lateralibus uniseriatis inaequalibus utroque latere 16 circ.; dentibus caninis maxilla superiore antice utroque latere insuper caninis 3 curvatis brevibus; maxilla inferiore antice caninis vel caninoideis nullis; praeoperculo edentulo limbo alepidoto parte squamata paulo graciliore; operculo spinula minima vix conspicua; squamis corpore 50 circ. in linea laterali, 15 in serie transversali quarum 3 lineam lateralem inter et dorsalem spinosam mediam; linea laterali singulis squamis tubulo simplice vel dichotomo notata; pinna dorsali spinis gracilibus flexilibus non productis, mediis ceteris longioribus corpore duplo circ. humilioribus, membrana inter singulas spinas vix emarginata; pinna dorsali radiosa dorsali spinosa vix vel non humiliore postice acutangula; pectoralibus ventralibus radio 1° vix producto paulo longioribus capite paulo brevioribus; caudali lobis acutis superiore inferiore longiore capite vix breviore; anali spinis gracilibus 3ª ceteris longiore radio 1° breviore, parte radiosa convexa postice acutangula; colore corpore superne roseo, inferne roseo-argenteo; iride rubra vel flava; pinnis roseis, dorsali radiosa superne vitta longitudinali intramarginali flava.

B. 6. D. 10/9 vel 10/10. P. 2/14. V. 1/5. A. 3/7 vel 3/8. C. 1/15,1 et lat. brev.

Syn. *Synagris upeneoides* Günth., Catal. Fish. I p. 375.

Hab. Bangka (Sinus Klabat); Celebes (Macassar); in mari.

Longitudo 3 speciminum 143''' ad 160'''.

18

Rem. L'espèce actuelle et celles qui restent à décrire, ont de commun l'absence de canines ou de caninoïdes inframaxillaires, un corps peu trapu sa hauteur mesurant de $3\frac{1}{2}$ à 4 fois dans celle du corps sans la caudale, des épines dorsales non prolongées, une membrane dorsale peu ou non échancreé et une tête plus longue que haute la hauteur égalant la longueur sans la partie postpréoperculaire. Ces espèces sont au nombre de cinq, dont deux se distinguent par l'absence complète de dentelure au bord libre du préopercule et par le nombre des dents intermaxillaires de la rangée externe qui n'est que de 15 ou 16. Ces deux espèces, l'upeneoïdes et le gracilis, sont encore aisément à distinguer l'une de l'autre par la nature des épines dorsales qui dans le gracilis ne sont point flexibles et dont les médianes ne sont pas plus longues que les suivantes. Puis aussi, dans le gracilis, le sousorbitaire est beaucoup moins élevé et le limbe nu du préopercule beaucoup moins large.

Dentex gracilis Blkr, Atl. ichth. Tab. 313 Perc. tab. 35 fig. 5.

Dent. corpore subelongato compresso, altitudine $4\frac{1}{3}$ circ. in ejus longitudine absque-, $5\frac{1}{4}$ circ. in ejus longitudine cum pinna caudali; latitudine corporis 2 fere in ejus altitudine; capite obtuso convexo 3 et paulo in longitudine corporis absque-, 4 et paulo in longitudine corporis cum pinna caudali; altitudine capitis longitudine ejus absque operculo non vel vix majore; oculis diametro 3 circ. in longitudine capitis, diametro $\frac{3}{4}$ circ. distantibus; linea rostro-frontali convexa; rostro oculo breviore; osse suborbitali granulato-striato, inferne vix emarginato, postice obtuse rotundato margine posteriore obliquo convexo, ad angulum oris oculi diametro verticali duplo circ. humiliore; maxillis aequalibus, superiore sub oculi parte anteriore desinente $2\frac{2}{3}$ circ. in longitudine capitis; dentibus intermaxillaribus pluriseriatis serie externe utroque latere 16 circ. subaequalibus dentibus seriebus internis majoribus; dentibus inframaxillaribus anterioribus pluriseriatis, lateralibus uniseriatis inaequalibus utroque latere 15 circ.; dentibus caninis maxilla superiore antice utroque latere insuper 3 curvatis mediocribus externo ceteris longiore; maxilla inferiore antice caninis vel caninoideis nullis; praeoperculo edentulo, limbo alepidoto parte squamata duplo circ. graciliore; operculo spinula bene conspicua; squamis corpore 50 circ. in linea laterali, 15 in serie transversali quarum 3 lineam lateralem inter et dorsalem spinosam mediam; linea laterali singulis squamis tubulo simplice vel dichotomo notata; pinna dorsali spinis gracilibus pungentibus non flexilibus non productis postrorsum longitudine sensim accrescentibus posteriore corpore duplo circ. humiliore, membrana inter singulas spinas vix emarginata; dorsali radiosa dorsali spinosa paulo altiore postice angulata; pinnis pectoralibus ventralibus non productis paulo longioribus capite paulo brevioribus; caudali lobis acutis superiore inferiore longiore capite non longiore; anali spinis gracilibus non flexilibus 3ª ceteris longiore radio 1° breviore, parte radiosa antice convexa postice acutangula; colore corpore superne roseo, inferne roseo-argenteo; iride flavescente vel rosea; corpore vittis pluribus longitudinalibus flavis; pinnis roseis, dorsali superne flavo marginata.

B. 6. D. 10/9 vel 10/10. P. 2/14. V. 1/5. A. 3/7 vel 3/8. C. 1/15/1 et lat brev.

Syn. *Latilus upeneoides* Blkr, Topogr. Batav. Nat. Gen. Arch. N. Ind. II p. 523.

Dentex ruber Blkr, Verh. Bat. Gen. XXIII Sparoid. p. 12 (nec CV.).

Passir-passir, Gurisi mejrah Mal.

Hab. Java (Batavia, Pasuruan, Bezuki); Nias; Celebes (Macassar); Amboina; in mari.

Longitudo speciminis descripti 178‴.

Rem. C'est à tort qu'autrefois j'ai rapporté cette espèce au Dentex ruber CV.—À en juger d'après la figure du ruber, publiée dans la Zoologie du Voyage de la Coquille, cette espèce a des canines inframaxillaires, le corps plus trapu et la tête plus haute et plus obtuse, les épines dorsales médianes plus longues que les suivantes, etc. Je ne puis pas non plus rapporter l'espèce actuelle à aucune des autres espèces connues. Elle est voisine de l'upeneoides mais s'en distingue essentiellement puisque dans l'upeneoides le corps est plus trapu, le sousorbitaire plus haut, et le limbe nu du préopercule plus large. Puis aussi les épines dorsales, dans l'upeneoides, sont flexibles et les médianes plus longues que les suivantes et on n'y voit rien de bandelettes longitudinales jaunes.

Dentex sumbawensis Blkr, Derde bijdr. vischf. Sumbawa, Nat. T. Ned. Ind. XIX p. 439.

Dent. corpore oblongo-subelongato compresso, altitudine 3¾ circ. in ejus longitudine absque-, 4⅔ ad 4¼ in ejus longitudine cum pinna caudali; latitudine corporis 1¾ circ. in ejus altitudine; capite obtusiusculo convexo 3¼ circ.

18*

in longitudine corporis absque-, 4¼ circ. in longitudine corporis cum pinna caudali ; altitudine capitis longitudine ejus absque operculo non vel vix majore ; linea rostro-frontali convexiuscula ; oculis diametro 3 fere in longitudine capitis, plus diametro ½ distantibus ; rostro convexo oculo breviore ; osse suborbitali granulato-striato inferne emarginato, postice obtuse rotundato margine posteriore obliquo convexo, ad angulum oris oculi diametro verticali plus duplo humiliore ; maxillis aequalibus, superiore sub oculi parte anteriore desinente, 3 fere in longitudine capitis ; dentibus intermaxillaribus pluriseriatis serie externa utroque latere 30 circ. parvis subaequalibus dentibus seriebus internis majoribus ; dentibus inframaxillaribus anterioribus pluriseriatis lateralibus uniseriatis inaequalibus utroque latere 25 circ. ; dentibus caninis maxilla superiore antice utroque latere insuper 3 vel 4 parvis curvatis externo ceteris longiore ; maxilla inferiore antice caninis vel caninoideis nullis ; praeoperculo margine posteriore denticulis conspicuis scabro, limbo alepidoto parte squamata duplo circ. graciliore ; operculo spinula vix conspicua ; squamis corpore 50 circ. in linea laterali, 15 in serie transversali quarum 3 lineam lateralem inter et dorsalem spinosam mediam ; linea laterali singulis squamis tubulo vulgo dichotomo notata ; pinna dorsali spinis mediocribus pungentibus non flexilibus non productis posterioribus 6 subaequalibus spinis anterioribus longioribus corpore non multo plus duplo humilioribus, membrana inter singulas spinas vix emarginata ; dorsali radiosa dorsali spinosa vix altiore convexa postice angulata ; pinnis pectoralibus capite vix brevioribus ; ventralibus radio 1° paulo producto pectoralibus paulo brevioribus ; caudali lobis acutis superiore inferiore longiore capite paulo breviore ; anali spinis mediocribus pungentibus non flexilibus 3ª ceteris longiore radio 1° breviore, parte radiosa antice convexa postice leviter emarginata acutangula ; colore corpore superne roseo, inferne roseo-argenteo ; iride rosea vel flava ; lateribus superne vittis 3 ad 5 longitudinalibus flavis ; pinnis roseo-hyalinis, dorsali flavo marginata et vittis 2 gracilibus flavis parallelis postrorsum leviter adscendentibus.

B. 6. D. 10/9 vel 10/10. P. 2/16. V. 1/5. A. 3/7 vel 3/8. C. 1/15/1 et lat. brev.

Hab. Sumbawa, in mari.

Longitudo speciminis unici 154‴.

Rem. Le Dentex sumbawensis est fort voisin du gracilis, mais il a les dents intermaxillaires beaucoup plus nombreuses et se distingue aussi par les dentelures du préopercule, par le sousorbitaire moins élevé, par la forme moins allongée du corps et par les bandelettes jaunes de la dorsale.

Dentex zysron Blkr, Bijdr. ichth. Nias, Nat. T. Ned. Ind. XII p. 219.

Dent. corpore subelongato compresso, altitudine 4 circ. in ejus longitudine absque-, 5 circ. in ejus longitudine cum pinna caudali; latitudine corporis 2 circ. in ejus altitudine; capite obtusiusculo convexo 3¾ circ. in longitudine corporis absque-, 4⅔ circ. in longitudine corporis cum pinna caudali; altitudine capitis longitudine ejus absque operculo non majore; linea rostro-frontali convexiuscula ; oculis diametro 3 fere in longitudine capitis, diametro ⅔ circ. distantibus; rostro convexiusculo oculo breviore; osse suborbitali granulato-striato, inferne late emarginato, postice obtuse rotundato margine posteriore convexo obliquo, ad angulum oris oculi diametro verticali duplo circ. humiliore; maxillis aequalibus, superiore sub oculi parte anteriore desinente, 2¾ circ. in longitudine capitis ; dentibus intermaxillaribus pluriseriatis serie externa utroque latere 50 circ. subaequalibus dentibus seriebus internis majoribus ; dentibus inframaxillaribus anterioribus pluriseriatis, lateralibus uniseriatis utroque latere 50 circ. inaequalibus ; dentibus caninis maxilla superiore antice utroque latere insuper 4 vel 5 curvatis mediocribus externo ceteris longiore ; maxilla inferiore antice caninis vel caninoideis nullis ; praeoperculo margine posteriore denticulis parvis sed conspicuis, scabro, limbo alepidoto parte squamata duplo circ. graciliore ; operculo spinula bene conspicua; squamis corpore 50 circ. in linea laterali, 15 in serie transversali quarum 3 lineam lateralem inter et dorsalem spinosam mediam ; linea laterali tubulo vulgo dichotomo notata; pinna dorsali spinis gracilibus pungentibus non flexilibus non productis, posterioribus 8 subaequalibus anterioribus longioribus corpore plus duplo humilioribus, membrana inter singulas spinas vix emarginata ; dorsali radiosa dorsali spinosa paulo altiore convexa postice angulata ; pectoralibus ventralibus radio 1° paulo producto longioribus capite paulo brevioribus ; caudali lobis acutis capite vix breviore ; anali spinis gracilibus non flexilibus 3ª ceteris longiore radio 1° breviore, parte radiosa antice convexa postice emarginata angulo acuta; colore corpore superne roseo, inferne roseo-argenteo; iride flava vel rosea ; pinnis roseis, dorsali spinosa superne flavo marginata et vitta intramarginali dilute violacea, anali vitta longitudinali obliqua flava vel margaritacea.

B. 6. D. 10/9 vel 10/10. P. 2/14. V. 1/5. A. 3/7 vel 3/8. C. 1/15/1 et lat. brev.

Syn. *Synagris zysron* Günth., Cat. Fish. I p. 375.

Hab. Nias ; Sumbawa ; in mari.

Longitudo speciminis descripti 165'''

Rem. Le Dentex zysron ne diffère que peu du sumbawensis. A l'état frais c'est la bandelette violette sousmarginale de la dorsale et la bandelette anale jaune qui le fait aisément distinguer. Aussi n'y vois je point de bandelettes sur le corps. Du reste il a le sousorbitaire un peu plus haut et le corps un peu moins trapu.

Dentex balinensis Blkr, Derde bijdr. ichth. Bali, Nat. T. Ned. Ind. XVII p. 155.

Dent. corpore subelongato compresso altitudine 4 fere in ejus lougitudine absque-, 5 fere in ejus longitudine cum pinna caudali; latitudine corporis $1\frac{2}{3}$ circ. in ejus altitudine; capite obtuso valde convexo $3\frac{1}{3}$ ad $3\frac{2}{3}$ in longitudine corporis absque-, $4\frac{1}{3}$ ad $4\frac{2}{5}$ in longitudine corporis cum pinna caudali; altitudine capitis longitudine ejus absque operculo non majore; linea rostro-frontali convexa; oculis diametro $2\frac{1}{4}$ circ. in longitudine capitis, minus diametro $\frac{1}{5}$ distantibus; rostro convexo oculo duplo breviore; osse suborbitali granulato-striato, inferne valde emarginato postice obtusangulo angulo rotundato margine posteriore obliquo, ad angulum oris oculi diametro verticali quadruplo circ. humiliore; maxillis aequalibus, superiore sub oculi parte anteriore desinente $2\frac{2}{3}$ circ. in longitudine capitis; dentibus intermaxillaribus pluriseriatis serie externa utroque latere 50 circ. parvis subaequalibus dentibus seriebus internis majoribus; dentibus inframaxillaribus anterioribus pluriseriatis lateralibus uniseriatis utroque latere 30 circ. inaequalibus; dentibus caninis maxilla superiore antice utroque latere insuper 4 vel 5 parvis curvatis externis quam internis majoribus; maxilla inferiore antice caninis vel caninoideis nullis; praeoperculo margine posteriore leviter denticulato, limbo alepidoto parte squamata triplo circ. graciliore; operculo spinula parum conspicua; squamis corpore 50 circ. in linea laterali, 15 in serie transversali quarum 3 lineam lateralem inter et dorsalem spinosam mediam; linea laterali singulis squamis tubulo dichotomo notata; pinna dorsali spinis gracilibus pungentibus non flexilibus non productis, posterioribus 6 subaequalibus spinis anterioribus longioribus corpore paulo plus duplo humilioribus, membrana inter singulas spinas vix emarginata; dorsali radiosa dorsali spinosa non altiore postice obtusangula; pectoralibus ventralibus radio 1° paulo producto sat multo longioribus capite paulo brevioribus; caudali lobis acutis superiore inferiore multo longiore capite paulo breviore; anali spinis mediocribus non flexilibus 3ª ceteris longiore radio 1° breviore, parte radiosa antice convexa postice acutangula ; colore corpore superne roseo, inferne roseo-argenteo ; iride flava et rosea superne fusca vel violacea ; vitta axillo-caudali nitide flava; ventre pinnisque ventralibus sulphureis ; pinnis ceteris roseo-hyalinis, dorsali pulchre flavo marginata vitta inframarginali violascente-hyalina. B. 6. D. 10/9 vel 10/10. P. 2/15. V. 1/5. A. 3/7 vel 3/8. C. 1/15/1 et lat. brev. Hab. Bali (Bòleling) ; in mari. Longitudo speeiminis descripti 151'''.

Rem. De toutes les espèces archipélagiques, connues le balinensis a le sousorbitaire le moins élevé. Il appartient du reste au groupe des sumba-wensis et zysron et s'y distingue par le peu de largeur du bord nu du préopercule, par la grandeur de l'oeil et par la bande oculo-caudale jaune. Le Dentex Petersii (Heterognathodon Petersii Steind.), de Zanzibar, est dit avoir le corps encore plus allongé (hauteur 6 fois dans la longueur totale) et une bande oculo-caudale brunâtre, mais il pourrait bien n'être pas dis-tinct du balinensis.

Synagris Klein =' Dentex Cuv. Val. et Günth. (ex parte).

Corpus oblongum compressum squamis mediocribus ctenoideis vestitum. Caput obtusum, vertice, fronte usque ante oculos ossibusque opercularibus squamosum, ceterum alepidotum, squamis praeopercularibus interoperculoque plu-riseriatis limbum praeopercularem tegentibus. Maxillae subaequales, superior vix protractilis. Dentes maxillis pluriseriati acuti serie externa seriebus ceteris majores, antici ex parte canini magni vel mediocres. Dentes vomerini, palatini vel linguales nulli. Os suborbitale inerme. Praeoperculum edentulum. Operculum spina vera nulla. Mentum poris magnis vel fossula centrali nullis. Pinnae pectorales et ventrales acutae, eaudalis biloba, dorsalis spinis 11 ad 12 (rarius 10) gracilibus vel mediocribus, analis basi vagina squamosa et radiis 3/8 vel 3/9. Pseudobranchiae. B. 6.

Rem. Je ne connais point d'espèce insulindienne de Synagris. La seule espèce que je possède des mers orientales provient du Japon. Elle est nettement distinguée de ses congénères par les caraetères suivants.

I. 50 rangées transversales d'écailles. 20 écailles sur une rangée transversale dont 5 au-dessus de la ligne laterale. Hauteur du corps 2 à $2\frac{1}{3}$ fois dans sa longueur sans la caudale. D. 12/10 ou 12/11, la 4e épine la plus longue mais mesurant plus de deux fois dans la hauteur du corps. Corps et nageoires roses. Bandelette inter-oculaire jaune.

Synagris hypselosoma Blkr, Atl. ichth. Tab. 314 Perc. tab. 36 fig. 2.

Synagr. corpore oblongo compresso, altitudine 2 et paulo ad $2\frac{1}{3}$ in ejus longitudine absque-, $2\frac{3}{4}$ circ. in ejus longitudine cum pinna caudali; latitudine corporis 3 fere in ejus altitudine; capite valde obtuso convexo 3 ad 3 et paulo in longitudine corporis absque-, $3\frac{4}{5}$ ad 4 fere in longitudine corporis cum pinna caudali, altiore quam longo; oculis diametro 3 fere in longitudine capitis, diametro $\frac{2}{3}$ circ. distantibus; linea rostro-frontali ante oculos convexa; rostro obtuso non convexo oculo breviore; osse suborbitali granulato-striato, postice rectangulo angulo rotundato margine posteriore vix obliquo, ad angulum oris altitudine $1\frac{1}{2}$ ad $1\frac{1}{4}$ in oculi diametro longitudinali; naribus valde distantibus anterioribus rotundis posterioribus oblongis multo minoribus; maxillis aequalibus, superiore sub pupillae parte anteriore desinente $2\frac{1}{2}$ ad $2\frac{3}{5}$ in longitudine capitis; maxillis dentibus pluriseriatis serie externa dentibus seriebus internis majoribus; maxillis utroque latere, superiore antice caninis 2 mediocribus curvatis lateribus 16 ad 18 conicis postrorsum longitudine decrescentibus, inferiore antice caninis 3 mediocribus curvatis externo ceteris majore lateribus 12 ad 16 conicis inaequalibus; praeoperculo squamis ante limbum in series 6 circ. transversas curvatas dispositis, limbo squamoso squamis pluriseriatis parte squamata ante limbum minus duplo graciliore, margine libero postice denticulis minimis scabriusculo vel laeviusculo; operculo spinula plana parva; squamis corpore 50 circ. in linea laterali, 20 in serie transversali quarum 5 lineam lateralem inter et dorsalem spinosam mediam; linea laterali singulis squamis tubulo simplice notata; pinna dorsali spinis validis pungentibus non flexilibus 4ª ceteris longiore $2\frac{1}{2}$ ad $2\frac{1}{3}$ in altitudine corporis, membrana inter singulas spinas profunde incisa; dorsali radiosa dorsali spinosa humiliore convexa postice obtusa; pectoralibus ventralibus multo et capite paulo longioribus; caudali radiis mediis oculo longioribus lobis acutis subaequalibus capite sat multo brevioribus; anali basi vagina squamosa sat elevata inclusa, spinis validis crassis 2 ceteris et radio 1° lon-

giore, parte radiosa non emarginata postice angulata ; colore corpore pinnisque roseo ; iride flavescente vel rosea; vitta interoculari flava ; linea laterali
fuscescente ; pinna dorsali flavo nebulata.

B. 6. D. 12/10 vel 12/11. P. 2/13, V. 1/5. A. 3/8 vel 3/9. C. 1/15/1 et lat. brev.

Syn. *Dentex hypselosoma* Blkr, Verh. Batav. Gen. XXVI, Nieuwe nal. ichth.
Japan p. 89 tab. 4 fig. 2 ; Faun. ichth. Japon. spec. nov. Nat. T. Ned.
Ind. VI p. 402 ; Günth., Cat. Fish. I p. 371.

Hab. Japonia (Nagasaki insul. Kiusiu) ; in mari.

Longitudo 2 speciminum 142''' et 173'''.

Rem. J'ai cru autrefois devoir rapprocher l'espèce actuelle du Dentex maroccanus, espèce fort superficiellement décrite dans la grande Histoire naturelle
des Poissons, mais dont, depuis, M. Steindachner a publié une description détaillée et une belle figure (Ichth. Ber. Reise Span. Portug. Sitz. ber. Ak. Wiss.
1867 Bd. 56 p. 628 tab. 4 fig. 1). Elle en est en effet fort voisine, mais
le maroccanus a le corps moins trapu, le profil moins obtus et beaucoup
moins convexe, la tête relativement plus grande, le sousorbitaire beaucoup
moins élevé, etc. M. Steindachner qui a observé quatre individus du maroccanus à l'état frais, ne dit rien aussi d'une bandelette interoculaire jaune.

GYMNOCRANIUS Klunz. = Paradentex Blkr.

Corpus oblongum compressum, squamis ctenoideis mediocribus (50 circ. in
linea laterali) vestitum. Caput regione temporali ossibusque opercularibus
tantum squamosum, squamis praeoperculo interoperculoque tri- ad pluriseria-
tes, limbo praeoperculari nullis. Maxillae subaequales, superior sat protractilis.
Dentes maxillis pluriseriati acuti serie externa seriebus ceteris majores, intermaxillares antici ex parte canini. Dentes vomerini, palatini vel linguales
nulli. Os suborbitale inerme. Praeoperculum margine libero laeve vel leviter
denticulatum. Operculum spina vera nulla. Mentum poris magnis vel fossula centrali nullis. Pinnae pectorales et ventrales acutae, caudalis biloba,
dorsalis spinis 10 gracilibus vel mediocribus, anali basi vagina squamosa
radiis 3/10 vel 3/11. Pseudobranchiae. B. 6.

Rem. Les Gymnocranius se distinguent des Synagris par la faiblesse des
dents canines, par l'absence d'écailles du limbe préoperculaire, par le nombre

19

constant de dix épines dorsales et de dix ou onze rayons mous à l'anale, par la protractilité de la mâchoire supérieure, et surtout par l'absence d'écailles occipitales et frontales. J'y rapporte cinq espèces, le Dentex rivulatus Rüpp., les Dentex griseus Schl. et lethrinoides Blkr, qu'une nouvelle étude m'a appris être en effet spécifiquement distinctes, le Dentex microdon Blkr, et enfin une espèce inédite que je nomme Gymnocranius frenatus. Les quatre dernières espèces habitent toutes l'Inde archipélagique et se font aisément reconnaître aux caractères suivants.

I. Environ 50 écailles dans la ligne latérale, 6 sur une rangée transversale au-dessus de la ligne latérale. D. 10/10 ou 10/11.
1. Tête plus haute que longue. Limbe nu du préopercule moins du double moins large que la partie squammeuse.
A. Diamètre de l'oeil $2\frac{1}{4}$ à $2\frac{1}{3}$ fois dans la longueur de la tête. Ecailles préoperculaires disposées sur 3 rangées transversales. Épines dorsales flexibles, les médianes plus longues que les autres. Rayons médians de la caudale plus courts que l'oeil. Corps et nageoires sans bandes.

1. Gymnocranius griseus Blkr.

B. Diamètre de l'oeil $2\frac{1}{4}$ à 3 fois dans la longueur de la tête. Écailles préoperculaires disposées sur 4 ou 5 rangées transversales. Épines dorsales non flexibles les 6 ou 7 postérieures plus longues que les autres. Rayons médians de la caudale plus longs que l'oeil. Corps à bandes transversales brunâtres disparaissant plus ou moins avec l'âge.

2. Gymnocranius lethrinoides Blkr.

2. Hauteur de la tête égalant sa longueur. Écailles préoperculaires disposées sur 4 ou 5 rangées transversales. Canines ou caninoïdes inframaxillaires fort petites. Épines dorsales flexibles, les médianes plus longues que les autres. Rayons médians de la caudale plus longs que l'oeil.
A. Hauteur du corps $2\frac{1}{7}$ fois dans sa longueur sans la caudale. Diamètre de l'oeil $2\frac{3}{4}$ fois dans la longueur de la tête. Préopercule à limbe nu du double moins large que sa partie squammeuse. Corps olivâtre. Une bandelette rostro-oculaire dorée. Lobes de la caudale à large tache brunâtre.

3. Gymnocranius frenatus Blkr.

B. Hauteur du corps 2¾ fois dans sa longueur sans la caudale. Diamètre de l'œil 3 fois dans la longueur de la tête. Préopercule à limbe nu aussi large ou presqu'aussi large que sa partie squammeuse. Une bande sous-oculaire noirâtre.

4. *Gymnocranius microdon* Blkr.

Je note encore que le Sparus cynodon Bl. (Ausl. Fisch. tab. 276), devenu le Cichla cynodon du Systema posthumum et le Dentex cynodon des auteurs modernes, pourrait bien lui-aussi ne représenter qu'un Gymnocranius. Bloch en dit expressément. „Der Kopf ist bis auf die Kiemendeckel schuppenlos," et il donne la formule de l'anale = 3/11. Peut-être que Bloch ait eu sous les yeux un individu du Gymnocranius lethrinoides. Le nom de „Ican Caccatoea iju", sous lequel il reçut l'exemplaire de son Sparus cynodon, indique qu'il provenait de la Malaisie et non du Japon. La formule de la dorsale du cynodon = 11/14 ferait cependant plutôt penser à un Lutjanus. La réexamination du poisson Blochien, s'il existe encore, pourrait seule décider de la valeur de ces rapprochements.

Gymnocranius griseus Blkr.

Gymnocr. corpore oblongo compresso, altitudine 2⅔ circ. in ejus longitudine absque-, 3¼ circ. in ejus longitudine cum pinna caudali; latitudine corporis 2 ad 2¼ in ejus altitudine; capite obtuso convexo 3 circ. in longitudine corporis absque-, 4¼ circ. in longitudine corporis cum pinna caudali, paulo altiore quam longo; oculis diametro 2¼ ad 2¼ in longitudine capitis, diametro ½ ad ⅔ distantibus; linea rostro-frontali ante oculos convexa; rostro obtuso non convexo oculo multo breviore; osse suborbitali granulato postice valde obtusangulo margine posteriore valde obliquo, ad angulum oris oculi diametro longitudinali duplo circ. humiliore; maxillis aequalibus, superiore ante oculum desinente 3¼ circ. in longitudine capitis; dentibus intermaxillaribus pluriseriatis utroque latere serie externa antice caninis 3 mediocribus curvatis subaequalibus, lateribus conicis 4 ad 6 dentibus seriebus internis multo majoribus; dentibus inframaxillaribus antice pluriseriatis postice uniseriatis, utroque latere serie externa antice caninis 3 parvis externo ceteris longiore, lateribus 10 circ. conicis inaequalibus; praeoperculo squamis in series 3 transversas curvatas

19*

dispositis, margine posteriore edentulo, limbo alepidoto parte squamata minus duplo graciliore; squamis interoperculo pluriseriatis; operculo spina vera nulla; squamis corpore 50 circ. in linea laterali, 22 in serie transversali quarum 6 lineam lateralem inter et dorsalem spinosam mediam; linea laterali singulis squamis tubulo simplice notata; pinna dorsali spinis gracillimis flexilibus vix pungentibus 3ª, 4ª et 5ª ceteris longioribus corpore triplo circ. humilioribus, membrana inter singulas spinas parum emarginata; dorsali radiosa dorsali spinosa non vel vix altiore postice obtuse rotundata; pinnis pectoralibus ventralibus radio 1° plus minusve producto paulo ad non longioribus capite vix brevioribus; caudali radiis mediis oculo non longioribus lobis valde acutis subaequalibus capite paulo longioribus; anali spinis gracilibus non flexilibus 3ª ceteris longiore radio 1° breviore, parte radiosa non emarginata postice obtuse rotundata; colore corpore superne roseo vel griseo-roseo, inferne flavescente; iride flavescente; pinnis roseis vel flavescentibus.

B. 6. D. 10/10 vel 10/11. P. 2/12 vel 2/13. V. 1/5. A. 3/10 vel 3/11. C. 1/15/1 et lat. brev.

Syn. *Dentex griseus* Schl., Faun. Jap. Poiss. p. 72 tab. 36.
     Dentex griseus Blkr, Verh. Bat. Gen. XXVI, Nieuwe nalez. ichth. Japan p. 88 (ex parte).

Hab. Java (Batavia), Japonia, ins. Kiusiu (Nagasaki); in mari.

Longitudo 4 speciminum 265‴ ad 290.‴

Rem. J'ai été dans l'erreur autrefois en affirmant l'identité spécifique du Dentex lethrinoides Blkr et du Dentex griseus Schl. De nouveaux matériaux et une nouvelle étude m'ont appris que ces deux espèces n'auraient pas du être réunies. La description citée du Dentex griseus Blkr étant prise sur des individus des deux espèces, doit donc être remplacée par celles que je donne actuellement. Le griseus se distingue du lethrinoides, outre les couleurs, par les yeux qui sont plus grands, par la formule des écailles préoperculaires, par la faiblesse des épines dorsales dont les médianes sont les plus longues, par la brièveté des rayons médians de la caudale, par les lobes plus grêles de cette nageoire, et par deux rangées longitudinales d'écailles de moins au-dessous la de ligne latérale. Si l'on compare des individus âgés des deux espèces d'égale longueur on trouve encore que le lethrinoides a le profil plus obtus, le sousorbitaire plus haut et à bord postérieur plus vertical, etc.

Je ne connais l'espéce actuelle que des mers de Java et de Kiusiu.

Gymnocranius lethrinoides Blkr.

Gymnocr. corpore oblongo compresso, altitudine 2 ad $2\frac{1}{2}$ in ejus longitudine absque-, $2\frac{1}{4}$ ad $3\frac{1}{4}$ in ejus longitudine cum pinna caudali; latitudine corporis $2\frac{1}{2}$ ad 3 in ejus altitudine; capite obtuso vix convexo 3 fere ad 3 et paulo in longitudine corporis absque-, $3\frac{2}{3}$ ad 4 et paulo in longitudine corporis cum pinna caudali, altiore quam longo; oculis diametro $2\frac{1}{2}$ ad 3 in longitudine capitis, diametro $\frac{2}{3}$ ad 1 fere distantibus; linea rostro-frontali rectiuscula junioribus ante oculos vulgo convexiuscula; rostro obtuso non convexo oculo sat multo breviore; osse suborbitali granulato–striato postice obtusangulo margine posteriore obliquo, ad angulum oris altitudine $1\frac{1}{4}$ ad 2 et paulo in oculi diametro longitudinali; maxillis aequalibus, superiore sub oculi margine anteriore vel vix ante oculum desinente 3 ad $3\frac{1}{4}$ in longitudine capitis; dentibus intermaxillaribus pluriseriatis utroque latere serie externa antice caninis 3 mediocribus curvatis subaequalibus, lateribus conicis 6 ad 12 dentibus seriebus internis multo majoribus; dentibus inframaxillaribus antice pluriseriatis postice uniseriatis utroque latere serie externa antice caninis parvis vel caninoideis 3 subaequalibus lateribus 12 ad 16 conicis inaequalibus; praeoperculo squamis in series 4 vel 5 transversas curvatas dispositis, margine libero aetate provectis laevi juvenilibus inferne vulgo denticulis vix conspicuis scabro, limbo alepidoto parte squamata minus duplo graciliore; squamis inter-operculo pluriseriatis; operculo spina vera nulla; squamis corpore 50 circ. in linea laterali, 24 in serie transversali quarum 6 lineam lateralem inter et dorsalem spinosam mediam; linea laterali singulis squamis tubulo simplice notata; pinna dorsali spinis mediocribus pungentibus non flexilibus, posterio-ribus 6 vel 7 subaequalibus spinis anterioribus longioribus corpore triplo circiter humilioribus, membrana inter singulas spinas leviter incisa; dorsali radiosa dorsali spinosa paulo ad sat multo altiore obtusa rotundata; pinnis pectoralibus ventralibus radio 1° plus minusve producto longioribus capite non vel vix brevioribus; caudali radiis mediis oculo paulo ad sat multo longioribus lobis acutis subaequalibus capite paulo ad non brevioribus; anali spinis sat crassis validis 3ᵃ ceteris longiore et crassiore radio 1° breviore parte radiosa non emarginata postice obtuse rotundata; colore *juvenilibus* corpore viridescente vel violascente–roseo; iride flava; vitta rostro-oculari et vittis 2 inter-ocularibus fuscis; fasciis transversis fuscis 6 vel 7, 1ᵃ occipito-oculari, 2ᵃ nucho-pectorali, 3ᵃ et 4ᵃ dorso-ventralibus et 5ᵃ dorso-anali dorsalem et analem intrantibus, penultima caudo-anali oblique antrorsum descendente ; lateribus inter fascias maculis sparsis fuscis ; pinnis flavis, dorsali fusco maculata, ventralibus medio fuscis, caudali vittis 3 transversis et superne et inferne fascia longitudinali intramarginali fuscis ; colore *aetate provectis* corpore roseo-viridi, pinnis flavo ; vittis maculisque corpore pinnisque diffusis vel nullis ; squamis dorso singulis guttula rosea vel violascente.

B. 6. D. 10/10 vel 10/11. P. 2/12 vel 2/13. V. 1/5. A. 3/10 vel 3/11. C. 1/15/1 et lat. brev.

Syn. *Dentex xanthopterus* Blkr, Topogr. Batav., Nat. Gen. Arch. Ned. Ind. II p. 522 (nomen tantum.).

   Dentex lethrinoides Blkr, Verh. Bat. Gen. XXIII Spar. p. 11 ; Faun. ichth. Jav. gen. et spec. nov., Nat. T. Ned. Ind. I p. 102.

   Lobotes microprion Blkr, Nieuwe bijdr. Perc. Sclerop. Sciaen., Nat. T. Ned. Ind. II p. 174.

   Dentex griseus Blkr, Verh. Bat. Gen. XXVI, Nieuwe nalez. ichth. Japan. p. 88 (ex parte) nec Schl.

Hab. Java (Batavia) ; Sumatra (Siboga) ; in mari.
Longitudo 11 speciminum 70''' ad 250'''.

Rem. Les bandes transversales du corps, nettement dessinées dans les jeunes individus, deviennent plus faibles avec l'âge et disparaissent presque complètement dans les adultes.

Gymnocranius frenatus Blkr.

Gymnocr. corpore oblongo compresso altitudine $2\frac{2}{5}$ circ. in ejus longitudine absque-, 3 et paulo in ejus longitudine cum pinna caudali ; latitudine corporis $2\frac{1}{3}$ circ. in ejus altitudine ; capite acutiusculo non convexo $3\frac{1}{4}$ circ. in longitudine corporis absque-, $4\frac{1}{4}$ circ. in longitudine corporis cum pinna caudali, aeque alto circ. ac longo ; oculis diametro $2\frac{1}{4}$ circ. in longitudine capitis, diametro 1 fere distantibus ; linea rostro-frontali rectiuscula ; rostro non convexo oculo breviore ; osse suborbitali striato postice obtusangulo margine posteriore obliquo, ad angulum oris altitudine $1\frac{1}{3}$ circ. in oculi diametro longitudinali ; maxillis aequalibus, superiore vix ante oculum desinente $3\frac{1}{3}$ circ. in longitudine capitis ; dentibus intermaxillaribus pluriseriatis utroque latere serie externa antice caninis 2 vel 3 curvatis parvis, lateribus 6 circ. conicis inaequalibus

dentibus seriebus internis majoribus; dentibus inframaxillaribus antice pluriseriatis minimis caninis vel caninoideis nullis, postice uniseriatis utroque latere
conicis 12 circ. valde inaequalibus; praeoperculo squamis in series 5 vel 6
transversas curvatas dispositis, margine libero inferne tantum scabriusculo,
limbo alepidoto parte squamata duplo circ. graciliore; squamis interoperculo
pluriseriatis; operculo spina vera nulla; squamis corpore 50 circ. in linea
laterali, 22 in serie transversali quarum 6 lineam lateralem inter et dorsalem
spinosam mediam; linea laterali singulis squamis tubulo simplice notata; pinna
dorsali spinis gracilibus pungentibus non flexilibus, mediis ceteris longioribus
corpore triplo circ. humilioribus, membrana inter singulas spinas mediocriter
incisa; dorsali radiosa dorsali spinosa altiore obtusa rotundata; pectoralibus
ventralibus paulo longioribus capite paulo brevioribus; caudali radiis mediis
oculo paulo longioribus, lobis acutis capite vix vel non brevioribus; anali
spinis mediocribus sat crassis 3ª ceteris longiore radio 1° breviore, parte radiosa
convexa postice obtusa; colore corpore superne olivascente-roseo basibus
squamarum profundiore, inferne aurantiaco-roseo vel flavescente basibus squamarum dilutiore; iride flavescente vel roseá; fronte, rostro labiisque profunde
violascente-viridibus; vitta rostro-oculari aurea nares amplectente; pinnis roseis
vel aurantiacis, caudali utroque lobo dimidio posteriore macula violascente,
dorsali spinosa membrana violascente nebulata.

B. 6. D. 10/10 vel 10/11. P. 2/12. V. 1/5. A. 3/10 vel 3/11. C. 1/15/1 et
lat. brev.

Hab. Celebes (Macassar?) in mari.

Longitudo speciminis descripti 237'''.

Rem. Cette espèce et celle dont la description va suivre, se distinguent
des deux précédentes en ce que la hauteur de la tête égale sa longueur et
que les canines inframaxillaires sont peu développées ou presque nulles. Toutes les deux ont les épines dorsales fort grêles et flexibles et les épines médianes plus longues que les autres. L'espèce actuelle se distingue nettement
du microdon par le peu de largeur du limbe nu du préopercule, largeur qui
mesure deux fois ou presque deux fois dans la largeur de la région préoperculaire squammeuse. Elle a aussi le corps plus trapu, le profil plus obtus et l'oeil plus grand, et se fait reconnaître aussi, à l'état frais, par la présence d'une bandelette rostro-oculaire dorée ainsi que par l'absence de bande
sousoculaire noirâtre.

Gymnocranius microdon Blkr.

Gymnocr. corpore oblongo compresso, altitudine $2\frac{2}{3}$ circ. in ejus longitudine absque-, $5\frac{1}{4}$ circ. in ejus longitudine cum pinna caudali; latitudine corporis $2\frac{2}{3}$ circ. in ejus altitudine; capite acutiusculo vix convexo 3 et paulo in longitudine corporis absque-, 4 et paulo in longitudine corporis cum pinna caudali, aeque alto circ ac longo; oculis diametro 3 circ. in longitudine capitis, diametro $\frac{1}{4}$ circ. distantibus; linea rostro-frontali rectiuscula rostro tantum convexiuscula; rostro non vel vix convexo oculo breviore; osse suborbitali granulato-striato postice valde obtusangulo margine posteriore valde obliquo, ad angulum oris altitudine $1\frac{1}{2}$ circ. in oculi diametro longitudinali; maxillis aequalibus, superiore vix ante oculum desinente $3\frac{1}{4}$ circ· in longitudine capitis; dentibus intermaxillaribus pluriseriatis utroque latere serie externa antice caninoideis 3 vel 4 aequalibus parvis, lateribus 8 circ. conicis inaequalibus dentibus seriebus internis majoribus; dentibus inframaxillaribus antice pluriseriatis postice uniseriatis utroque latere serie externa antice caninoideis 3 parvis, lateribus 16 circiter inaequalibus; praeoperculo squamis in series 4 transversas curvatas dispositis, margine libero edentulo, limbo alepidoto parte squamata non vel vix graciliore; squamis interoperculo pluriseriatis; operculo spina vera nulla; squamis corpore 50 circ. in linea laterali, 22 in serie transversali quarum 6 lineam lateralem inter et pinnam dorsalem spinosam mediam; linea laterali singulis squamis tubulo simplice notata; pinna dorsali spinis gracilibus pungentibus non flexilibus, 3^e, 4^e et 5^a ceteris longioribus corpore triplo circ. humilioribus, membrana inter singulas spinas profunde incisa; dorsali radiosa dorsali spinosa paulo altiore, obtusa, rotundata; pectoralibus ventralibus longioribus capite brevioribus; caudali radiis mediis oculo conspicue longioribus, lobis acutis superiore inferiore longiore capite paulo breviore; anali spinis mediocribus sat crassis 3^a ceteris longiore radio 1° breviore, parte radiosa convexa postice obtusa; colore corpore superne viridescente-roseo, inferne dilutiore; iride flavescente-rosea; capite superne violascente; fascia oculo-interoperculari verticali nigricante-fusca; pinnis roseis vel flavescentibus.

B. 6. D. 10/10 vel 10/11. P. 2/12. V. 1/3. A. 3/10. vel 3/11. C. 1/15/1 et lat. brev.

Syn. *Dentex microdon* Blkr, N. bijdr. ichth. Celebes, Nat. T. Ned. Ind. II
p. 219; Günth., Cat. Fish. I p. 372 (nec Agass.)

Hab. Celebes (Bulucomba); in mari.
Longitude speciminis descripti 211'''.

Rem. Dans cette espèce les canines ou caninoïdes aux deux mâchoires sont
plus faibles encore que dans le frenatus. Je trouve aussi, outre les différences énumerées, que le frenatus a le sousorbitaire plus haut, la mâchoire supérieure plus longue, une ou deux rangées transversales d'écailles
de plus au préopercule, le profil de la nuque plus convexe, etc.

GNATHODENTEX Blkr.

Corpus oblongum compressum, squamis ctenoideis parviusculis (70 circ. in linea
laterali) vestitum. Caput regione temporali ossibusque opercularibus tantum
squamosum, squamis praeoperculo interoperculoque pluriseriatis, limbo praeoperculari nullis. Maxillae subaequales, superior sat protractilis osse supramaxillari
crista longitudinali dentata. Dentes maxillis pluriseriati acuti serie externa
ceteris majores, antici ex parte canini curvati. Dentes vomerini, palatini vel
linguales nulli. Os suborbitale inerme. Praeoperculum margine libero denticulis
scabrum. Operculum spina vera nulla. Mentum poris magnis vel fossula
centrali nullis. Pinnae pectorales et ventrales acutae, caudalis biloba, dorsalis
spinis 10 mediocribus et radiis 10 vel 11, analis basi vagina squamosa humili,
spinis 3 et radiis 9 vel 10. Pseudobranchiae. B. 6.

Rem. Le genre Gnathodentex tient le milieu entre les genres Gymnocranius
et Pentapus, mais il est le plus voisin du premier, dont il se distingue principalement par la présence d'une crête dentelée le long de l'os maxillaire, par
la formule de l'anale et par les écailles relativement petites du corps.

Gnathodentex aureolineatus Blkr, Atl. Ichth. Tab. 318, Perc.
tab. 40 fig. 3.

Gnathod. corpore oblongo compresso, altitudine 3 fere ad 3 in ejus longitudine absque-, 3¾ ad 4 circ. in ejus longitudine cum pinna caudali; latitudine corporis 2 fere ad 2 in ejus altitudine; capite acutiusculo convexo 3 ad
3¼ in longitudine corporis absque-, 4 ad 4¼ in longitudine corporis cum pinna

20

caudali, altitudine capitis 1⅓ ad 1¾ in ejus longitudine; oculis diametro 2 et paulo ad 3 fere in longitudine capitis, diametro ⅓ ad 1 distantibus; linea rostro-frontali ante oculos vulgo convexa; rostro obtuso convexo oculo breviore; osse suborbitali granulato postice valde obtusangulo margine posteriore valde obliquo, inferne non emarginato, ad angulum oris oculi diametro longitudinali plus duplo ad triplo humiliore; maxillis subaequalibus, superiore ante oculum desinente 3 et paulo ad 5⅓ in longitudine capitis; osse supramaxillari dentibus conicis longitudinaliter uniseriatis 10 circ junioribus bene distinctis aetate provectis in cristam plus minusve coalescentibus; dentibus maxillis pluriseriatis, serie externa ceteris majoribus, intermaxillaribus utroque latere caninis 2 parvis curvatis subaequalibus lateribus 8 circ. conicis inaequalibus, inframaxillaribus utroque latere antice caninis 3 curvatis externa ceteris conspicue majore paulo extrorsum directo, lateribus 10 circ. conicis inaequalibus, praeoperculo squamis in series 5 circ. transversas curvatas dispositis, margine libero denticulis parvis serrato, limbo alepidoto parte squamata duplo circ. graciliore; squamis interoperculo pluriseriatis; operculo spina vera nulla; squamis corpore 70 circ. in linea laterali, 24 in serie transversali quarum 6 lineam lateralem inter et dorsalem spinosam mediam; linea laterali mediocriter curvata singulis squamis tubulo simplice notata; cauda parte libera duplo circ. longiore quam postice alta; pinna dorsali spinis mediocribus non flexilibus mediis ceteris longioribus 2 ad 2¼ in altitudine corporis, membrana inter singulas spinas mediocriter incisa; dorsali radiosa dorsali spinosa altiore obtusa postice rotundata; pinnis pectoralibus ventralibus conspicue longioribus capite vix brevioribus; caudali squamosa radiis mediis oculo non vel vix brevioribus lobis acutis capite vix brevioribus; anali basi vagina squamosa humili, spinis mediocribus posteriore ceteris longiore radio 1° paulo breviore, parte radiosa non emarginata postice angulata; colore corpore superne coerulescente-roseo, inferne margaritaceo; vittis corpore longitudinalibus aureis 5 vel 6 supra lineam lateralem lineae dorsali paralellis, 4 vel 5 infra lineam lateralem rectiusculis; linea laterali fusca; capite superne olivascente vel violascente-roseo; iride flavescente vel rosea; dorso sub radiis dorsalibus posticis macula oblonga margaritacea; pinnis roseis, dorsali spinosa membrana violascente.

B. 6. D. 10/10 vel 10/11. P. 2/13. V. 1/5. A. 3/9 vel 3/10. C. 1/15,1 et lat. brev. Syn. *Sparus aurolineatus* Lac., Poiss. IV p. 132.

Dentex lycogenis Benn., Fish. Maurit., Proceed. Comm. Sc. Zool. Soc. 1 1830-1831 p. 127.

Pentapus aurolineatus CV., Poiss. VI p. 199, 420, tab. 157; Blkr, Bijdr., ichth. Halmaheira, Nat. T. Ned. Ind. IV p. 55; Günth, Cat. Fish. I p. 381.

Hab. Cocos (Nova-selma); Halmahera (Sindangole); Amboina; Banda (Neira); in mari.

Longitudo 3 speciminum 92''' ad 265'''

Rem. Je ne connais jusqu'ici d'autre espèce de Gnathodentex que l'aureolineatus. On sait qu'elle habite aussi les mers de l'île Maurice et des Louisiades.

PENTAPUS Cuv. Val. = Heterognathodon Blkr.

Corpus oblongum compressum squamis mediocribus vestitum. Caput acutum vertice, fronte, rostro superne ossibusque opercularibus squamosum, ceterum alepidotum, squamis praeoperculo pluriseriatis, interoperculo 2- ad 4- seriatis. Maxillae subaequales superior sat protractilis. Dentes maxillis pluriseriati acuti, serie externa ceteris majores, antici ex parte canini. Dentes vomerini, palatini vel linguales nulli. Os suborbitale edentulum inferne emarginatum postice apice frequenter libero sed spina vera nulla. Praeoperculum margne libero laeve vel denticulatum. Operculum spina parva. Mentum poris magnis vel fossula centrali nullis. Pinnae pectorales et ventrales acutae, caudalis biloba, dorsalis spinis 10 gracilibus, analis basi vagina squamosa nulla spinis 3 et radiis 7 vel 8. B. 6. Pseudobranciae

Rem. Les Pentapus ont de commun avec les Synagris une tête couverte d'écailles au vertex et au froint, mais dans les Pentapus le profil est toujours beaucoup moins obtus et les écailles frontales s'avancent plus en avant des yeux jusqu'à couvrir en grande partie le museau. Ils se distinguent encore par la protractilité de la mâchoire supérieure, par la faiblesse des dents canines dont celles de la mâchoire inférieure sont droites, courbées en dehors ou presque nulles, par la présence d'une petite épine operculaire bien poignante, par l'absence de gaîne squammeuse sur la base de l'anale et par le nombre constant de dix épines dorsales. — J'ai cru autrefois devoir séparer des Pentapus des espèces à préopercule dentelé, mais il est démontré maintenant suffisamment qu'on a attaché trop de valeur à ce caractère. Le caractère du prolongement des écailles inguinales et interventrales, sur lequel Cuvier et Valenciennes fondèrent principalement le genre et auquel ils en empruntèrent même le nom, ne va pas non plus à toutes les espèces, le développement

20*

de ces écailles étant sujet à des modifications considérables, non seulement d'après les espèces mais aussi d'après l'âge des individus.

Les espèces indo-archipélagiques connues de Pentapus sont au nombre de sept, dont six font partie de mon cabinet. Les meilleurs caractères pour les distinguer se trouvent dans les canines inframaxillaires, dans la nature du bord libre et du limbe du préopercule, dans les formules des écailles et dans le plus ou moins de longueur des pectorales et des lobes de la caudale. — Quant aux formules des écailles il est à noter que dans quelques espèces les rangées transversales d'écailles au-dessous de la ligne latérale sont plus nombreuses que celles qui se trouvent au-dessus de cette ligne, en sorte qu'il est nécessaire de bien indiquer la manière dont la formule a été prise.

I. Environ 50 rangées transversales d'écailles au-dessus de la ligne latérale.
  1. Préopercule à bord libre sans dents, lisse, et à limbe dénué d'écailles.
    A. Canines inframaxillaires 3 de chaque côté, l'externe courbée en dehors. Pectorale atteignant l'aplomb de l'anale. Les deux épines anales postérieures d'égale longueur. Nuque à deux bandes transversales noirâtres.

1. *Pentapus nubilus* Cant.

    B. Une seule canine inframaxillaire droite de chaque côté. Pectorale s'arrêtant fort en avant de l'anale. Environ 64 rangées transversales d'écailles au-dessous de la ligne latérale. Lobe supérieur de la caudale prolongé en filet. Une bande rostro-caudale jaune. Une tache brune entourée d'une tache triangulaire bleue sur le milieu de la base de la caudale.

2. *Pentapus setosus* CV. = Pentapus paradiseus Günth.

  2. Préopercule à bord postérieur légèrement dentelé et à limbe entièrement squammeux. Pectorale s'arrêtant fort en avant de l'aplomb de l'anale.
    A. Ecailles préoperculaires disposées sur 3 ou 4 rangées transversales. Canines inframaxillaires rudimentaires ou nulles.
    a. Canines inframaxillaires nulles. Une bandelette rostro-caudale jaune.

3. *Pentapus microdon* Blkr. = Heterognathodon microdon Blkr.

    b. Canine inframaxillaire fort petite courbée en haut. Une bandelette rostro-caudale brune bordée de bandelettes jaunes. Deux rangées de points bleus tout près de la ligne latérale.

4. *Pentapus Hellmuthi* Blkr = Heterognathodon Hellmuthi Blkr.

B. Ecailles préoperculaires disposées sur 5 à 7 rangées transversales. Une seule
canine inframaxillaire de chaque côté.
  a. Canine conique droite dirigée en avant et en dehors. Caudale à lobes plus
    ou moins prolongés.
    aa. 55 à 60 rangées transversales d'écailles au-dessous de la ligne latérale.
      Lobes de la caudale à filet mince et long. Corps à deux bandes longitu-
      dinales jaunes, la supérieure au-dessus de la ligne latérale.

5. *Pentapus nemurus* Blkr = Heterognathodon nemurus Blkr.

    bb. 50 rangées transversales d'écailles au-dessous de la ligne latérales. Lobes
      de la caudale prolongés mais non en filet. Corps à une seule bande
      oculo-caudale jaune.

6. *Pentapus macrurus* Blkr = Heterognathodon macrurus
Blkr.

  b. Canine forte courbée eu dehors et plus ou moins en arrière. Lobes de la cau-
    dale non prolongés. Corps à deux ou trois bandes longitudinales jaunes.

7. *Pentapus caninus* Blkr. = Heterognathodon bifasciatus
et xanthopleura Blkr.

Pentapus nubilus Günth., Catal. Fish. I p. 382.

Descriptio Cantoriana sequens.

»The head is elongated, the profile much sloping, its length, when the muzzle is protracted, is ¼ of that of the body, the tail not included. The eye is situated behind the
centre of a line drawn from the protracted muzzle to the point of the opercle; its diameter is a little less than ⅓ of the length of the head. The canines of both jaws are
very small; there are 4 in the upper, 6 in the lower of which the two outer ones are
the largest and slightly outwards arched. The pores are very minute, searcely percep-
tible by the naked eye, rather closely distributed over the infraorbitals, the cheeks, the
margin of the preopercle and the lower jaw. The lateral line is very distinct following
the outline of the back. The scales are very finely ciliated; there are about 47 on a
straight line. — The second and third upper rays (of pectorals) reaches the anal spine.

The anterior anal spine is half the length of the second and third, which are equal and of nearly the same length as the succeeding soft rays. — Head above and back light reddish brown, paler on the sides; cheeks, gill-covers and abdomen silvery white; an indistinct blackish oblique band from the nape of the neck to the point of the opercle; a second similar in front of the dorsal, terminating beneath the lateral line in a large rounded spot; a few indistinct blackish clouded spots along the sides; the scales of the body indistinctly edged with brownish and minutely dotted with brown; dorsal, caudal and anal pale yellowish; pectorals and ventrals white, the posterior half of the latter pale blackish; the fin-membranes minutely dotted with brown. Iris pale golden. — A number of minute pores on the infraorbital bones, the cheeks, the margin of the preopercle and on the lower jaw".

"B. 6. D. 10/9. P. 13. V. 1/5. A. 3/8. C. 7/17/7".

Syn. *Pentapodus nubilus* Cant., Catal. Malay. Fish. p. 49.

Hab. Pinang, in mari.

Longitudo speciminis unici descripti "4½ inch."

Rem. Cette espèce, que je ne connais que par la description de Cantor, est fort distincte des autres espèces insulindiennes par les trois canines inframaxillaires de chaque côté et par la longueur extraordinaire des pectorales. Elle semble être une forme transitoire des Pentapus aux Dentex.

Pentapus setosus CV., Poiss. VI p. 200; Blkr., N. bijdr. Perc. Sclerop, Nat. T. Ned. Ind. II p. 175; Günth., Catal. Fish. I p. 582; Kner, Reise Novara, Fisch. p. 60; Atl. ichth. Tab. 524 Perc. tab. 46 fig. 1.

Pentap. corpore oblongo compresso, altitudine 3 ad 5½ in ejus longitudine absque-, 4 ad 4¾ in ejus longitudine cum pinna caudali (absque filo); latitudine corporis 1⅔ ad 2 in ejus altitudine; capite acuto 3¼ ad 3¾ in longitudine corporis absque-, 4 et paulo ad 4¾ in longitudine corporis cum pinna caudali (absque filo); altitudine capitis 1 ad 1¼ in ejus longitudine; oculis diametro 2⅔ ad 5¼ in longitudine capitis, diametro ¾ ad 1 et paulo distantibus; linea rostro-frontali rectiuscula; rostro acuto oculo sat multo ad non breviore; osse suborbitali granulato inferne sat profunde emarginato postice obtuse rotundato superne apice non libero acuto, parte humillima oculi diametro longitudinali plus triplo humiliore; maxillis aequalibus, superiore sub oculi margine anteriore desinente 3 fere ad 3 in longitudine capitis; dentibus maxillis pluriseriatis serie externa seriebus ceteris majoribus; caninis parvis utroque latere antice intermaxillaribus 2 curvatis subaequalibus verti-

calibus, inframaxillari unico conico recto antrorsum et extrorsum spectante ;
mento utroque latere post labium poro parvo conspicuo ; praeoperculo limbo
alepidoto, squamis limbum inter et os suborbitale in series 6 transversas
curvatas dispositis, margine libero edentulo ; squamis interoperculo in series
3 longitudinales dispositis ; operculo spinula parum conspicua ; squamis corpore infra lineam lateralem in series 64 circ. supra lineam lateralem in series
45 ad 50 transversas dispositis; squamis 22 circ. in serie transversali quarum
3 lineam lateralem inter et dorsalem spinosam mediam ; linea laterali valde
curvata singulis squamis tubulo bifido notata ; cauda parte libera minus duplo
longiore quam postice alta ; pinna dorsali spinis gracilibus leviter flexilibus
mediis ceteris longioribus 2 ad $2\frac{1}{3}$ in altitudine corporis, membrana inter
singulas spinas leviter emarginata ; dorsali radiosa dorsali spinosa non vel
vix altiore postice angulata ; pectoralibus acute rotundatis capite absque rostro
non vel vix brevioribus ; ventralibus acutis radio 1° plus minusve producto
pectoralibus non vel paulo tantum brevioribus ; caudali radiis mediis oculo
longioribus lobis acutis superiore in setam capite breviorem ad longiorem
producto ; anali spinis gracilibus 3ª ceteris longiore radio 1° breviore, parte
radiosa non emarginata postice acutangula ; colore corpore superne violascente-
roseo, inferne roseo-margiritaceo ; iride flavescente vel rosea ; vitta maxillo-
oculo-operculari duplice coerulescente et aurantiaca ; vitta operculo-caudali
lutea cauda superne desinente ; dorso ad basin pinnae et cauda inferne
frequenter vittula longitudinali dilute coerulea ; cauda ad mediam basin pinnae
caudalis macula rotunda fusca macula triangulari coerulea cincta ; pinnis roseis
vel roseo-hyalinis, dorsali flavo marginata.

B. 6. D. 10/9 vel 10/10. P. 2/14. V. 1/5. A. 3/7 vel 3/8. C. 1/15/1 et lat. brev.

Syn. *Pentapus paradiseus* Günth., Catal. Fish. I p. 383.

    Passir Mal. Batav.; *Empasee* Mal. Bintang.

Hab. Sumatra ; Singapura ; Bintang (Rio) ; Bangka (Muntok, Klabat, Tandjong-berikat), Biliton (Ora occid.) Duizend-ins.; Java (Batavia) ; Celebes
(Macassar, Bonthain); Batjan (Labuha) ; in mari.

Longitudo 31 speciminum 75''' ad 205''' absque filo caudali.

Rem. Les rangées transversales d'écailles au-dessous de la ligne latérale,
dans cette espèce, sont notablement plus nombreuses que celles situées au-
dessus de cette ligne, ce qui explique les différences des nombres donnés
par les auteurs comme ceux des écailles sur une rangée longitudinale.

L'espèce est des mieux caractérisées tant par le limbe préoperculaire dénué d'écailles que par la tache bleue à centre brun sur la base de la caudale. — Elle habite, hors l'Insulinde, les côtes de Madras, de la Nouvelle-Hollande, de l'île de Moreton et l'Archipel des Louisiades.

Pentapus microdon Blkr, Atl. Ichth. Tab. 298 Perc. tab. 20 fig 1.

Pentap. corpore oblongo compresso, altitudine 3½ circ. in ejus longitudine absque-, 4⅔ circ. in ejus longitudine cum pinna caudali (cum parte producta); latitudine corporis 2 circ. in ejus altitudine; capite acuto 3⅗ circ. in longitudine corporis absque-, 4⅘ circ. in longitudine corporis cum pinna caudali (cum parte producta); altitudine capitis 1⅓ circ. in ejus longitudine; oculis diametro 3 circ. in longitudine capitis, diametro 1 circ. distantibus; linea rostro-frontali convexiuscula; osse suborbitali granulato inferne profunde emarginato, postice inferne obtuse rotundato superne apice libero acuto, parte humillima oculi diametro longitudinali plus triplo humiliore; maxillis aequalibus, superiore sub oculi margine anteriore desinente 3 circ. in longitudine capitis; dentibus maxillis pluriseriatis serie externa iis seriebus internis majoribus; caninis utroque latere intermaxillaribus antice 3 curvatis parvis verticalibus externo ceteris paulo majore, inframaxillaribus nullis; praeoperculo squamis limbo pluriseriatis, limbum inter et os suborbitale in series 3 transversas curvatas dispositis, margine libero denticulis minimis scabro; squamis interoperculo in series 2 longitudinales dispositis; operculo spina parva bene conspicua; squamis corpore infra et supra lineam lateralem in series 50 circ. transversas dispositis; squamis 18 circ. in serie transversali quarum 3 lineam lateralem inter et dorsalem spinosam mediam; linea laterali valde curvata singulis squamis tubulo simplice vel bifido notata; cauda parte libera minus duplo longiore quam postice alta; pinna dorsali spinis gracilibus mediis ceteris longioribus 2 circ. in altitudine corporis, membrana inter singulas spinas mediocriter incisa; dorsali radiosa dorsali spinosa non altiore postice rotundata; pectoralibus acute rotundatis capitis parte postoculari vix longioribus; ventralibus acutis radio 1° plus minusve producto pectoralibus paulo longioribus; caudali radiis mediis capitis parte postoculari paulo longioribus lobis acutissimis sed non in setam productis superiore inferiore et capite longiore; anali spinis gracilibus 3ᵃ ceteris longiore radio 1° breviore, parte radiosa non emarginata postice rotundata; colore corpore superne roseo, inferne roseo=margaritaceo ; iride flavescente vel rosea, vitta oculo-caudali flava ; linea laterali fusca ; pinnis roseis.

B. 6. D. 10/9 vel 10/10. P. 2/15. V. 1/5. A. 5/7 vel 3/8. C. 1/15/1 et lat. brev.

Syn. *Heterognathodon microdon* Blkr, Diagn. n. vischs. Batav., Nat. T. Ned. Ind. IV p. 464 ; Günth., Cat. Fish. I p. 366.

Passir-passir Mal.

Hab. Java (Batavia) ; Amboina , in mari.

Longitudo speciminis descripti 185'''.

Rem. Le microdon est remarquable parmi ses congénères par l'absence complète de canines ou de caninoïdes à la mâchoire inférieure, et se fait reconnaître en outre par les 3 rangées transversales d'écailles entre le limbe préoperculaire et l'os sousorbitaire et par la bande rostro-caudale jaune.

Pentapus Hellmuthi Blkr.

Pentap. corpore oblongo compresso, altitudine 3⅔ circ. in ejus longitudine absque-, 4¾ circ. in ejus longitudine cum pinna caudali ; latitudine corporis 2 fere in ejus altitudine ; capite acuto 3½ ad 3¾ in longitudine corporis absque-, 4½ ad 5 fere in longitudine corporis cum pinna caudali ; altitudine capitis 1⅓ circ. in ejus longitudine ; oculis diametro 3 circ. in longitudine capitis ; diametro ¾ ad 1 fere distantibus ; linea rostro-frontali convexiuscula ; osse suborbitali granulato, inferne sat profunde emarginato, postice inferne obtuse rotundato superne apice libero acuto, parte humillima oculi diametro longitudinali plus triplo humiliore ; maxillis aequalibus, superiore sub oculi margine anteriore vel vix ante oculum desinente, 3⅓ ad 3½ in longitudine capitis ; dentibus maxillis pluriseriatis serie externa iis seriebus internis majoribus ; caninis utroque latere antice intermaxillaribus 2 vel 3 curvatis parvis subverticalibus, inframaxillari unico tantum parum conspicuo curvato sursum (nec antrorsum nec extrorsum) spectante ; squamis praeoperculo limbo pluriseriatis, limbum inter et os suborbitale in series 3 vel 4 curvatas transversas dispositis, margine libero denticulis parvis scabro ; squamis interoperculo in series 2 longitudinales dispositis ; operculo spina parva sat conspicua ; squamis corpore infra et supra lineam lateralem in series 50 circ. transversas dispositis ; squamis 15 circ. in serie transversali quarum 3 lineam lateralem inter et dorsalem spinosam mediam ; linea laterali valde curvata singulis

21

squamis tubulo simplice notata; cauda parte libera minus duplo longiore quam
postice alta; pinna dorsali spinis gracilibus mediis ceteris longioribus 2 circ.
in altitudine corporis, membrana inter singulas spinas mediocriter incisa;
dorsali radiosa dorsali spinosa non altiore postice rotundata; pectoralibus
acutiuscule rotundatis capite absque rostro vix brevioribus; ventralibus acutis
radio 1° paulo producto pectoralibus longioribus; caudali radiis mediis capitis
parte postoculari longioribus, lobis acutis non productis subaequalibus capite
paulo longioribus; anali spinis gracilibus 3ª ceteris longiore radio 1° breviore,
parte radiosa non emarginata postice angulata; colore corpore superne umbrino
vel roseo, inferne roseo vel margaritaceo; iride flava vel rosea; vitta rostro-
oculo-caudali fusca superne et inferne aurantiaco vel flavo limbata; punctis
coeruleis lineae laterali maxime approximatis supra et infra lineam lateralem
in seriem longitudinalem dispositis; pinnis roseis, dorsali aurantiaco marginata.
B. 6. D. 10/9 vel 10/10. P. 2/13. V. 1/5. A. 3/7 vel 3/8. C. 1/15/1 et lat. brev.
Syn. *Heterognathodon Hellmuthii* Blkr., Bijdr. ichth. Solor, Nat. T. Ned. Ind.
        V p. 75; Günth., Catal. Fish. I p. 364.
Hab. Bangka (Muntok); Solor (Lawajong); in mari.
Longitudo 4 speciminum 70‴ ad 148‴.

Rem. Le Pentapus Hellmuthi est voisin du Pentapus vitta Q. CV. par la
bande rostro-caudale brune, mais le vitta se distingue par plusieurs autres
caractères la bande susdite s'arrêtant sur le haut de la queue et le limbe
préoperculaire étant dénué d'écailles. Puis encore les canines inframaxillaires
(plus d'une seule de chaque côté) y sont plus grandes les externes dirigées
en dehors et plus grosses que les autres et les écailles du corps plus petites
et celles du préopercule disposées sur six rangées transversales. On ne
saurait pas non plus confondre le Hellmuthi avec le Pentapus Peronii qui a,
lui-aussi, une bande céphalo-caudale noirâtre, mais le limbe préoperculaire
nu, le front convexe, un grand pore sous le bord postérieur du sousorbitaire,
la pectorale courte et coupée presque carrément, deux raies brillantes sur
le dos, etc.

Pentapus nemurus Blkr, Atl. Ichth. Tab. 294 Perc. tab. 16 fig. 3.

Pentap. corpore oblongo compresso, altitudine 3⅔ ad 3¼ in ejus longitudine
absque-, 4⅔ ad 4¼ in ejus longitudine cum pinna caudali (absque filo); lati-

tudine corporis 1¾ ad 2 in ejus altitudine; capite acuto 3¼ ad 4 fere in longitudine corporis absque-, 4¼ ad 5 in longitudine corporis cum pinna caudali (absque filo); altitudine capitis 1 et paulo ad 1⅓ in ejus longitudine; oculis diametro 3 ad 3¼ in longitudine capitis, diametro 1 fere ad 1¼ distantibus; linea rostro-frontali junioribus convexiuscula aetate provectioribus rectiuscula; rostro acuto oculo paulo ad non breviore; osse suborbitali granulato inferne sat profunde emarginato, postice inferne obtuse rotundato superne apice libero acuto, parte humillima oculi diametro longitudinali triplo circiter humiliore; maxillis subaequalibus, superiore sub oculi margine anteriore vel vix ante oculum desinente, 3 ad 3 et paulo in longitudine capitis; dentibus maxillis pluriseriatis serie externa seriebus ceteris majoribus; caninis mediocribus utroque latere antice intermaxillaribus 2 curvatis inaequalibus, inframaxillari unico conico recto paulo antrorsum et extrorsum directo; praeoperculo squamis limbo pluriseriatis, limbum inter et os suborbitale in series 6 vel 7 transversas curvatas dispositis, margine libero denticulis minimis scabro; squamis interoperculo in series 3 circ. longitudinales dispositis; operculo spinula parum conspicua; squamis corpore infra lineam lateralem in series 55 ad 60, supra lineam lateralem in series 50 circ. transversas dispositis; squamis 21 circ. in serie transversali quarum 3 lineam lateralem inter et dorsalem spinosam mediam; linea laterali valde curvata singulis squamis tubulo simplice notata; cauda parte libera minus duplo longiore quam postice alta; pinna dorsali spinis gracilibus mediis ceteris longioribus 2⅕ ad 2⅓ in altitudine corporis, membrana inter singulas spinas leviter emarginata; dorsali radiosa dorsali spinosa paulo altiore postice rotundata; pectoralibus acute rotundatis capite absque rostro non ad vix longioribus; ventralibus acutis pectoralibus longioribus radio 1° plus minusve producto; caudali radiis mediis capitis parte postoculari longioribus, lobis acutissimis in setam aetate provectis pinna ipsa longiorem productis; anali spinis gracilibus 3ª ceteris longiore radio 1° breviore, parte radiosa non emarginata postice angulata; colore corpore superne roseo, inferne dilutiore; iride flavescente vel rosea; vittis corpore 2 flavis, superiore oculo-dorsali lineam lateralem inter et pinnam dorsalem decurrente et basi radii dorsalis postici desinente, inferiore maxillo-oculocaudali superiore latiore mediam basin pinnae caudalis attingente; linea laterali violascente; pinnis roseis, caudali medio flava, marginibus superiore et inferiore violascente.

B. 6. D. 10/9 vel 10/10. P. 2/14. V. 1/5. A. 3/7 vel 3/8. C. 1/15/1 et lat. brev.

Syn. *Heterognathodon nemurus* Blkr, Derde bijdr, ichth. Celebes, Nat. T. Ned. Ind. III p. 754; Günth., Cat. Fish. I p. 365.

Hab. Celebes (Macassar, Tanawanko); Timor (Atapupu); Amboina; Aru, in mari.

Longitudo 4 speciminum absque filis caudalibus 150'' ad 280''', cum filis 180''' ad 365''.

Rem. On reconnait aisément l'espèce actuelle au prolongement extraordinaire des lobes de la caudale; aux deux bandelettes jaunes du corps dont la supérieure se trouve entièrement au-dessus de la ligne latérale, et aux 55 à 60 rangées d'écailles transversales d'écailles au-dessous de la ligne latérale. La diagnose est facilitée encore par la canine droite dirigée en avant et en dehors de la mâchoire inférieure et par les six ou sept rangées transversales d'écailles préoperculaires.

Pentapus macrurus Blkr.

Pentap. corpore oblongo compresso, altitudine 3 et paulo in ejus longitudine absque-, 4¼ ad 4¾ in ejus longitudine cum pinna caudali (cum parte producta); latitudine corporis 2 circ. in ejus altitudine; capite acuto 3¼ ad 3¾ in longitudine corporis absque-, 4¾ ad 5¼ in longitudine corporis cum pinna caudali (cum parte producta); altitudine capitis 1 et paulo in ejus longitudine; oculis diametro 3 circ. in longitudine capitis, diametro 1 et paulo distantibus; linea rostro-frontali rectiuscula; rostro acuto oculo breviore; osse suborbitali granulato inferne profunde emarginato, postice inferne obtuse rotundato superne apice libero acuto, parte humillima oculi diametro longitudinali plus triplo humiliore; maxillis subaequalibus, superiore sub oculi margine anteriore vel vix ante oculum desinente 3 ad 3¾ in longitudine capitis; dentibus maxillis pluriseriatis serie externa seriebus ceteris majoribus; caninis mediocribus utroque latere antice, intermaxillaribus 2 interno curvato subverticali externo conico recto antrorsum et paulo extrorsum directo, inframaxillari unico conico recto extrorsum et antrorsum directo; praeoperculo squamis limbo pluriseriatis, limbum inter et os suborbitale in series 6 vel 7 transversas curvatas dispositis, margine libero denticulis minimis scabro; squamis interoperculo in series 2 vel 3 longitudinales dispositis; operculo spinula parva parum conspicua; squamis corpore infra et supra

lineam lateralem in series 50 circ. transversas dispositis; squamis 18 in
serie transversali quarum 3 lineam lateralem inter et dorsalem spinosam
mediam; linea laterali valde curvata singulis squamis tubulo simplice notata; cauda parte libera minus duplo longiore quam postice alta; pinna
dorsali spinis gracilibus mediis ceteris longioribus $2\frac{1}{3}$ ad $2\frac{1}{4}$ in altitudine
corporis, membrana inter singulas spinas vix emarginata; dorsali radiosa dorsali spinosa paulo altiore postice rotundata; pectoralibus acute rotundatis
capite absque rostro non ad paulo longioribus; ventralibus acutis pectoralibus
longioribus radio 1° leviter producto; caudali radiis mediis capitis parte
postoculari longioribus lobis acutissimis sed non in setam productis superiore
inferiore et capite sat multo longiore; anali spinis gracilibus 3° ceteris longiore radio 1° breviore, parte radiosa non emarginata postice acutangula;
colore corpore superne olivascente-roseo, inferne flavescente-argenteo; iride
flavescente-rosea; fascia lata cephalo-caudali flavescente diffusa rectiuscula;
pinnis roseis vel flavescentibus.

B. 6. D. 10/9 vel 10/10. P. 2/12 ad 2/14. V. 1/5. A. 3/7 vel 3/8. C. 1/15/1
et lat. brev.

Syn. *Heterognathodon macrurus* Blkr, Faun. Jav. ins. adjac. spec. nov.,
Nat. T. Ned. Ind. I p. 101; Verh. Bat. Gen. XXIII, Sciaen. p. 31;
Günth., Cat. Fish. I p. 365.

Passir-passir Mal. Batav.

Hab. Java (Batavia), in mari.

Longitudo 4 speciminum 196''' ad 240'''.

Rem. Cette espèce est fort voisine du nemurus par la dentition et par l'écaillure mais elle s'en fait aisément distinguer par les lobes de la caudale qui,
bien que fort pointus et allongés, ne se prolongent point en filet. Elle se
distingue encore par la simple bande longitudinale jaune et par le nombre
de 50 rangées transversales seulement au-dessous de la ligne latérale.

Pentapus caninus Blkr.

Pentap. corpore oblongo compresso, altitudine 3 ad $3\frac{2}{5}$ in ejus longitudine
absque-, $3\frac{3}{4}$ ad $4\frac{2}{5}$ in ejus longitudine cum pinna caudali; latitudine corporis
2 fere ad 2 in ejus altitudine; capite acuto 3 et paulo ad $3\frac{2}{7}$ in longitudine
corporis absque-, 4 ad $4\frac{1}{2}$ in longitudine corporis cum pinna caudali; altitu-

dine capitis 1 ad 1¼ in ejus longitudine; oculis diametro 2¼ ad 3¼ in longitudine capitis, diametro ¾ ad 1¼ distantibus; linea rostro-frontali recta vel
concava; rostro acuto oculo multo ad non breviore; osse suborbitali rugoso,
inferne vix emarginato postice obtuse rotundato, margine posteriore
valde convexo superne apice non libero, parte humillima oculi diametro longitudinali plus triplo ad duplo humiliore; maxillis subaequalibus, superiore
sub oculi dimidio anteriore desinente 3 fere ad 3 in longitudine capitis;
dentibus maxillis pluriseriatis serie externa maxilla inferiore praesertim dentibus seriebus ceteris majoribus; caninis utroque latere antice, intermaxillaribus 2 mediocribus curvatis subaequalibus subverticalibus, inframaxillari unico
valde curvato magno subhorizontaliter extrorsum et paulo postrorsum directo; mento post labium utroque latere poro parvo (interdum poris 2 vel 3);
praeoperculo squamis limbo pluriseriatis, limbum inter et os suborbitale in series 5 vel 6 transversas curvatas dispositis, margine libero postice
denticulis parvis serrato; squamis interoperculo in series 3 vel 4 longitudinales dispositis; operculo spina parva parum conspicua; squamis corpore infra
et supra lineam lateralem in series 50 circ. transversas dispositis; squamis
19 in serie transversali, quarum 3 (2½) lineam lateralem inter et dorsalem
spinosam mediam; linea laterali valde curvata, singulis squamis tubulo vulgo
bifido notata; cauda parte libera minus duplo longiore quam postice alta;
pinna dorsali spinis gracilibus non flexilibus mediis ceteris longioribus 2 ad
3 in altitudine corporis, membrana inter singulas spinas sat profunde incisa;
dorsali radiosa dorsali spinosa paulo altiore postice rotundata; pectoralibus
acute rotundatis capite absque rostro non ad vix longioribus; ventralibus
acutis radio 1° non ad paulo producto pectoralibus non vel paulo longioribus;
caudali radiis mediis oculo multo ad duplo longioribus lobis acutis non productis subaequalibus superiore inferiore vulgo paulo longiore capite non vel
vix breviore; anali spinis mediocribus 3° ceteris longiore radio 1° breviore,
parte radiosa non emarginata postice acutangula; colore corpore superne
lateribusque fusco-olivaceo vel olivaceo, inferne flavescente-argenteo vel margaritaceo; iride flavescente vel rosea; vittis juvenilibus et aetate provectis 2
oculo-caudalibus capite margaritaceis corpore luteis medio quam antice et
postice latioribus, aetate magis provectis diffusis, vitta superiore dorso caudae desinente, vitta inferiore mediam basin caudalis attingente; juvenilibus insuper
vittula supra-oculo-dorsali lutea vel margaritacea lineae dorsali approximata

sub spinis dorsi posticis desinente; pinnis flavescentibus vel roseo-hyalinis, dorsali junioribus vittula longitudinali margaritacea, superne flavo marginata; pectoralibus basi vitta transversa olivacea.

B. 6. D. 10/9 vel 10/10. P. 2/14. V. 1/5. A. 3/7 vel 3/8. C. 1/15/1 et lat. brev.

Syn. *Scolopsides caninus* CV., Poiss. V p. 266; Günth., Catal. Fish. I p. 364.

    Heterodon zonatus Blkr, Topogr. Batav., Natuur- en Geneesk. Arch. Ned. Ind. II p. 525 (nomen tantum).

    Heterognathodon bifasciatus Blkr., Verh. Bat. Gen. XXIII. Sciaen. p. 30; Günth., Catal. Fish. I p. 364.

    Heterognathodon xanthopleura Blkr, Faun. ichth. Javae spec. nov. Nat. T. Ned. Ind. I p. 101; Verh. Bat. Gen. XXIII Sciaen. p. 31; Günth., Catal. Fish. I p. 365.

    Pentapus xanthopleura Kner, Zool. Reis. Novara, Fisch. p. 65; Blkr, Atl. Ichth. tab. 310, Perc. tab. 32 fig. 3.

    Pentapus bifasciatus Blkr, Atl. Ichth. tab. 294 Perc. tab. 16 fig. 5.

    Passir-passir Mal. Batav.; *Andjong-andjong* Mal. Bintang.; *Mohung* Timor.

Hab. Sumatra (Telokbetong) y; Singapura; Bintang (Rio); Bangka (Toboali;) Biliton; Java (Batavia); Bawean; Celebes (Macassar, Badjoa, Manado); Sumbawa (Bima); Timor (Kupang); Ternata; Batjan (Labuha); Amboina; Nova-Guinea (Doreh); in mari.

Longitudo 31 speciminum 70''' ad 280'''.

Rem. Cette belle espèce est la seule insulindienne connue où les canines inframaxillaires, très-développées, se recourbent plus ou moins horizontalement en dehors et en arrière. J'ai cru autrefois l'espèce inédite en décrivant des individus adultes sous le nom de Heterognathodon xanthopleura. Les adultes ne montrent ordinairement que deux bandes longitudinales, mais dans les individus moins âgés ou les voit distinctement toutes les trois. Je réunis maintenant le xanthopleura au bifasciatus qu'autrefois déjà j'ai indiqué pourvoir bien n'être pas distinct du Scolopsides caninus CV., opinion qui s'est changée depuis en conviction. J'ai donc du rétablir le nom spécifique de caninus. Je ne m'étonnerais même nullement qu'un examen nouveau des individus types du Labrus trivittatus de Bloch (c'est à dire du Sparus vittatus de la planche 275 de sa grande ichthyologie) et du Pentapus vittatus CV. vint d'apprendre que cette espèce soit à rapporter, elle-aussi, à l'espèce actuelle et que les formules des rayons et des écailles du vittatus n'aient point été rendues conformément à la nature. Le caninus est l'espèce la plus commune du genre dans les mers de l'Insulinde. Hors l'Inde archipélagique elle n'est connue que des côtes de Madras.

La Haye, Juillet 1872.

INDEX SPECIERUM.

www.ingramcontent.com/pod-product-compliance
Lightning Source LLC
Chambersburg PA
CBHW070905210326
41521CB00010B/2065